IBRAHIM YAKUBU EBENEHI

Gestão de edifícios de instituições financeiras na Nigéria

IBRAHIM YAKUBU EBENEHI

Gestão de edifícios de instituições financeiras na Nigéria

ScienciaScripts

Imprint

Any brand names and product names mentioned in this book are subject to trademark, brand or patent protection and are trademarks or registered trademarks of their respective holders. The use of brand names, product names, common names, trade names, product descriptions etc. even without a particular marking in this work is in no way to be construed to mean that such names may be regarded as unrestricted in respect of trademark and brand protection legislation and could thus be used by anyone.

Cover image: www.ingimage.com

This book is a translation from the original published under ISBN 978-620-7-47307-6.

Publisher:
Sciencia Scripts
is a trademark of
Dodo Books Indian Ocean Ltd. and OmniScriptum S.R.L publishing group

120 High Road, East Finchley, London, N2 9ED, United Kingdom
Str. Armeneasca 28/1, office 1, Chisinau MD-2012, Republic of Moldova, Europe
Printed at: see last page
ISBN: 978-620-7-99234-8

Conteúdo

A obra é dedicada à Glória de Alá, Senhor do Universo.

RECONHECIMENTO

Gostaria de expressar o meu apreço e profunda gratidão ao Prof. E. Achuenu, pelos seus esforços em guiar-me em todos os aspectos deste trabalho. Os seus esforços incansáveis foram responsáveis pela conclusão deste livro.

Estou igualmente grato ao coordenador do P. G., Dr. P. A. Kuroshi, ao diretor, Prof. N. A. Anigbogu, e a todo o pessoal do Departamento de Construção Civil por me terem proporcionado os conhecimentos e a formação de que necessitei ao longo dos meus estudos. Agradeço-vos a todos. A minha sincera gratidão vai também para o meu antigo empregador, o Ramat Polytechnic, Maiduguri, por me ter proporcionado a rara oportunidade de fazer o meu mestrado. Agradeço também as contribuições e a assistência das organizações que me forneceram todos os materiais para esta investigação.

Gostaria de agradecer aos meus pais pelo seu apoio moral e financeiro. Sem vós, esta viagem não teria sido possível; que Alá vos conceda uma longa vida e prosperidade.

A minha sincera gratidão à minha mulher Sa'adatu e Farida, bem como aos meus filhos Yaqub, Muhammad Kabir, Salmah e Maryam, e aos meus amigos Ameh Abdul e Rasheed. Sa'eed, G. Habib, Mal Faringida, Ugbede, Nago, o falecido Arch. Sule, e ao falecido Supol Maji Michael, bem como a todos os funcionários do Departamento de Construção do Politécnico Federal de Bauchi e do Politécnico de Ramat de Maiduguri, e a demasiados outros para citar. Que a misericórdia e a proteção de Alá venham sobre todos vós. (Ameen)

O sector financeiro é a base de qualquer economia próspera e, na Nigéria, o seu sucesso contínuo é fundamental. No entanto, um sistema financeiro forte assenta não só em políticas financeiras sólidas e numa liderança astuta, mas também nas estruturas físicas que albergam estas instituições.

Este livro, "Maintenance Management of Financial Institutions' Buildings in Nigeria", de Ibrahim Yakubu Ebenehi, PhD, aborda um aspeto importante, mas frequentemente negligenciado, da estabilidade financeira: a manutenção proactiva.

Este livro serve como um guia valioso para gestores de instalações, proprietários de imóveis e instituições financeiras. Contém estratégias práticas e ideias especificamente adaptadas ao contexto nigeriano. Em termos de implementação de planos de manutenção rentáveis, o autor fornece-lhe os conhecimentos necessários para manter o edifício da sua instituição financeira um local de trabalho seguro, fiável e eficiente.

Para além dos benefícios financeiros de uma manutenção adequada, este livro sublinha a importância de um edifício bem conservado na projeção de uma imagem profissional. As instituições financeiras prosperam com base na confiança, e um edifício que exala cuidado e atenção incute confiança nos seus clientes.

Quer seja um profissional experiente ou esteja apenas a começar, "Gestão da Manutenção dos Edifícios das Instituições Financeiras na Nigéria" fornece conselhos úteis. Ao adotar a abordagem proactiva descrita abaixo, pode garantir que o edifício da sua instituição financeira é mais do que apenas uma estrutura física, mas também um pilar de estabilidade e sucesso.

Dr. Idris Katun

Diretor, Direção de Afiliação e Ligações Universitárias, Politécnico Federal de Bauchi, Nigéria

RESUMO

Esta investigação teve como objetivo examinar as políticas de gestão da manutenção dos edifícios das instituições financeiras na Nigéria, para sugerir possíveis melhorias. Foram utilizados três métodos, nomeadamente, o questionário, a entrevista oral e a observação para a recolha de dados, que foram analisados com recurso a percentagens simples e coeficientes de correlação. Os resultados mostram que existe uma política significativa de manutenção dos edifícios das organizações e que essa política tem uma relação significativa com o desempenho da gestão da manutenção das organizações, com um coeficiente de correlação de 0,75. 42% das organizações utilizaram uma estratégia de manutenção condicionada, enquanto as restantes (57,1%) preferiram utilizar uma estratégia de manutenção preventiva (tempo fixo). Todas as instituições têm apólices de seguro para os seus edifícios, nomeadamente contra roubo, incêndio, vento, trovoada e outros riscos associados. O teste t efectuado às amostras revelou que não existe uma diferença significativa entre a política de manutenção dos dois grupos de organizações examinadas, uma vez que t-Critical1 = 6,31, t-Critical2, = 12,71, t-Stat = 2,34 (t-Critical > t-Stat).

Recomendou-se que se continuasse a recorrer a construtores profissionais competentes, estatutariamente responsáveis pelo departamento de manutenção, e que se providenciasse um orçamento adequado e apoio financeiro para manter e melhorar a tendência atual das práticas de manutenção nas organizações.

CAPÍTULO 1

INTRODUÇÃO

1.1 Antecedentes da investigação

De acordo com Ewa e Agu (1989), as instituições financeiras são estabelecimentos que emitem obrigações financeiras (como depósitos à ordem) para adquirir fundos do público. As instituições reúnem depois esses fundos e fornecem-nos em grandes quantidades às empresas, ao governo ou aos particulares. São exemplos os bancos comerciais, as companhias de seguros, as associações de poupança e empréstimo, etc.

As instituições financeiras podem ser classificadas em instituições financeiras bancárias e não bancárias. As instituições financeiras bancárias incluem os bancos centrais, os bancos comerciais e os bancos de desenvolvimento. As instituições financeiras não bancárias incluem as casas de desconto, as casas de emissão, as companhias de seguros, as sociedades de construção e as bolsas de valores. As instituições operam nos mercados com os instrumentos para adquirir fundos do público para investimento. Os bancos comerciais estão entre as instituições financeiras que aceitam depósitos em dinheiro e reembolsam o dinheiro à vista. Os bancos comerciais diferem dos outros bancos no sentido em que só eles criam depósitos bancários, que são contas correntes e de poupança (Ewa e Agu 1989)

Os bancos comerciais oferecem um local seguro para guardar dinheiro e outras facilidades para a guarda de valores, entre outras funções importantes. Devido ao enorme investimento nos edifícios como um ativo, há uma grande necessidade de os manter continuamente em boas condições. Além disso, o edifício alberga todo o equipamento de ponta utilizado nas operações bancárias, daí a necessidade de manutenção.

É altamente desejável, mas dificilmente exequível, produzir artigos isentos de manutenção, embora muito possa ser feito na fase de projeto para reduzir a quantidade de trabalho de manutenção subsequente. Todos os elementos de um edifício se deterioram a um ritmo maior ou menor, dependendo das condições ambientais e da utilização (Yusuf, 2005).

A manutenção pode ser definida como o trabalho realizado para manter, restaurar ou melhorar todas as instalações, ou seja, todas as partes do edifício, os seus serviços e arredores, de acordo com os padrões atualmente aceitáveis para manter a utilidade e o valor das instalações (Chanter e Swallow, 1996).

A gestão da manutenção é definida como a seleção de objectivos, o planeamento, a aquisição, a organização, a coordenação e o controlo dos recursos necessários para a sua realização (Adekoye, 2003). No entanto, a gestão da manutenção implica o planeamento e a afetação de recursos para travar a ameaça da manutenção nos edifícios. Um planeamento adequado dos trabalhos de manutenção implica a identificação das necessidades, o estabelecimento de prioridades e a elaboração de planos para cobrir um determinado período (Abubakar, 2005). Vanier e Lacasse (1999), também definiram a gestão da manutenção como a organização da manutenção com uma estratégia acordada.

A gestão da manutenção refere-se ao sistema de realização de instalações físicas que engloba tanto os princípios de gestão estabelecidos como as funções esperadas dos responsáveis por essas responsabilidades. O objetivo da manutenção de edifícios é garantir que os requisitos funcionais dos edifícios sejam sempre atingidos para melhorar a qualidade da estrutura do edifício. Bons sistemas de gestão da manutenção são essenciais para edifícios economicamente viáveis e operacionalmente seguros (Rapp e George, 1998).

A manutenção do ambiente dos edifícios afecta todos continuamente, pois é do estado das habitações, dos escritórios e das fábricas que as pessoas dependem não só para o seu conforto mas também para a sua sobrevivência económica (Seeley, 1987).

Por conseguinte, um edifício não é apenas um produto social, mas também um produto económico que é objeto de procura e oferta. A qualidade e o valor de qualquer produto acabado são medidos pela procura e pela oferta desse produto de construção na sociedade, e é a procura que exprime a eficiência do produto (Jagboro,1995).

A negligência da manutenção tem um efeito cumulativo no edifício, com efeitos de deterioração rápida nos acabamentos do tecido, acompanhados de efeitos nocivos para o conteúdo e os ocupantes (Seley, 1987). A quantidade de manutenção dependerá do tipo e da qualidade do material utilizado, das técnicas de construção, da qualidade da mão de obra e da utilização da política de manutenção do edifício da organização (Buys e Nkado, 2006).

Política de manutenção

A política de manutenção, de acordo com a norma BS 3811 (1964), é definida como uma estratégia no âmbito da qual são tomadas decisões em matéria de manutenção. Pode também ser definida como as regras de base para a afetação de recursos humanos, materiais e financeiros entre os tipos alternativos de acções de manutenção que estão disponíveis para a gestão. A fim de proceder a uma afetação racional dos recursos, os benefícios dessas acções para a organização no seu conjunto devem ser identificados e relacionados com os custos envolvidos (Lee, 197).

Thomas (1994) definiu a estratégia de manutenção como "a aplicação da técnica de manutenção para manter um edifício de uma forma eficaz, económica e eficiente".

A técnica de manutenção disponível consiste numa combinação adequada, tal como ilustrado na figura 1:

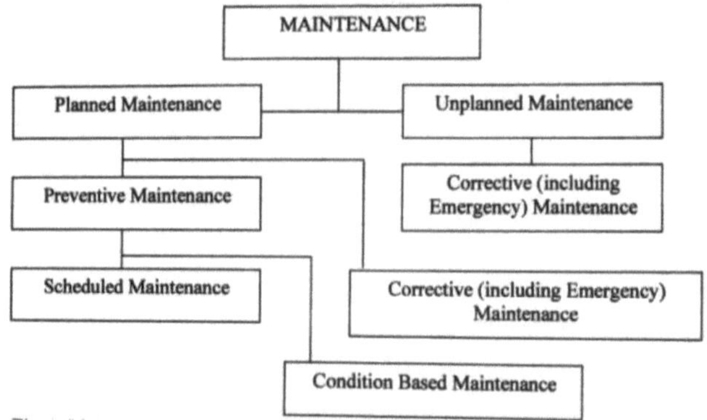

Figura 1: Estrutura da estratégia de manutenção **Fonte: (Yusuf, 2005)**

A estrutura da estratégia de manutenção, tal como explicada por Yusuf, é apresentada a seguir;

1. **Manutenção planeada:** A manutenção é organizada e executada com base em pensamentos, controlo e utilização de registos de acordo com planos pré-determinados para eliminar ou minimizar falhas inesperadas.

2. **Manutenção não planeada:** os trabalhos de manutenção efectuados sem um plano pré-determinado.

3. **Manutenção preventiva:** A manutenção efectuada a intervalos pré-determinados ou correspondente a critérios prescritos e destinada a reduzir a probabilidade de falha ou a duração do desempenho de um item.

4. **Manutenção corretiva:** a manutenção efectuada após a ocorrência de uma avaria e destinada a repor um elemento num estado em que possa desempenhar a sua função requerida.

5. **Manutenção de emergência:** A manutenção que é necessário efetuar imediatamente para evitar consequências graves (também designada por manutenção corrente).

6. **Manutenção baseada na condição:** A manutenção preventiva é iniciada em resultado do conhecimento do estado de um elemento a partir da monitorização de rotina ou contínua.

7. **Manutenção de rotina/programada:** Esta é uma parte integrante da manutenção preventiva. São planeadas para um período específico para algumas peças, dependendo da vida útil desses materiais ou componentes para evitar avarias, como a reparação regular de trabalhos em aço (Adekoya 2003).

A manutenção é sinónimo de controlo do estado de um edifício para que o seu padrão se situe dentro de regiões específicas. De acordo com Lee (1987), os padrões iniciais de um edifício podem ser afectados pelas acções dos seguintes agentes

8. Condições climáticas que variam em severidade de acordo com a localização e orientação do edifício e que têm o maior efeito sobre os elementos externos

9. Actividades dos utilizadores; estas incluem actividades humanas e mecânicas e utilizações autorizadas e não autorizadas. Neste caso, um ladrão pode ser considerado um utilizador do edifício, embora ilegal e indesejado.

10. Mudança de padrões e gostos: isto leva a que os trabalhos sejam efectuados com mais frequência do que o necessário em termos funcionais. Por exemplo, pintar de novo com o único objetivo de mudar o esquema de cores de um edifício.

As razões pelas quais um ocupante/proprietário de um edifício pode desejar efetuar trabalhos de manutenção são apresentadas a seguir:

11. Manter um nível de qualidade aceitável. Trata-se, nomeadamente, dos tecidos estruturais e das instalações existentes, que correspondem aos gostos e às exigências actuais.

12. Melhorar a qualidade de vida, como no caso das instalações existentes que ficaram aquém dos gostos e exigências actuais.

13. Prolongar a vida de um edifício, sobretudo numa altura em que o custo dos novos projectos aumenta devido à hiperinflação e à escassez de fundos para a construção.

14. Atualizar, como no caso das renovações. Isto é particularmente necessário quando as instalações existentes se deterioraram para além do que as reparações e a manutenção normais podem retificar.

15. Para atrair rendas mais elevadas, como no caso da conversão de habitações em escritórios e lojas.

1.2 Problema de investigação

Os edifícios são um dos activos mais importantes das instituições financeiras. A qualidade da habitação numa instituição financeira, entre outros critérios, diz muito sobre a força da organização. Assim, a manutenção dos edifícios de uma instituição financeira funcional traduz-se diretamente na preservação dos edifícios como activos da empresa. O significado deste estudo é expor a adequação ou não das políticas globais das instituições financeiras relativamente à manutenção dos seus activos imobiliários

Existem vários elementos no edifício que requerem cuidados na sua manutenção - são eles a estrutura física, incluindo os acabamentos que devem permanecer sempre estáveis, bem como os serviços mecânicos, como os sistemas de refrigeração, os elevadores e outros componentes e equipamentos. É também essencial que um edifício tenha uma limpeza adequada e uma boa decoração. Embora a estrutura física possa ser estável, é necessário manter um nível adequado de reparações dos tecidos, incluindo pequenas obras de capital sob a forma de alterações, melhoramentos e conversões.

A preservação do valor e da utilidade do parque imobiliário é essencial para o bem-estar económico de qualquer organização (Lee, 1987).

Este trabalho de investigação procura responder às seguintes questões de investigação:

- As instituições financeiras têm alguma política de manutenção?
- Em caso afirmativo, qual é o nível de aplicação?
- Em caso negativo, qual é o procedimento atual?
- Qual é a eficácia da aplicação da política ou do procedimento atual?
- Qual é a provisão orçamental anual para manutenção em relação ao orçamento anual das instituições financeiras?
- Os edifícios das instituições financeiras estão normalmente sujeitos a um ambiente de trabalho único?
- Como é que a natureza das operações das organizações afecta a manutenção das suas instalações?
- Qual é a estrutura de gestão da manutenção utilizada pela organização?
- Como são gerados os problemas de manutenção dos edifícios nas instituições financeiras?

1.3 Necessidade do estudo

É agradável contemplar os belos edifícios construídos em todo o país por diferentes instituições financeiras da Nigéria, com as mais modernas instalações incorporadas. O que acontece a este edifício anos após a sua construção é a principal preocupação dos principais interessados, especialmente porque os edifícios são investimentos a longo prazo, construídos com o dinheiro dos investidores. As instituições financeiras devem mostrar uma preocupação razoável com a preservação do investimento através do estabelecimento de políticas viáveis e prudentes destinadas a preservar estes activos (edifícios).

É à luz da preservação destes edifícios de instituições financeiras em benefício dos acionistas e da projeção da imagem do sector financeiro da economia que o estudo da gestão da manutenção dos edifícios de instituições financeiras se torna pertinente.

1.4 Finalidade e objectivos da investigação

Este estudo tem por objetivo analisar as políticas de gestão da manutenção dos edifícios das instituições financeiras na Nigéria.

Os objectivos do estudo são:

- Estudar as políticas relevantes existentes que têm a ver com a manutenção de edifícios de instituições financeiras na Nigéria.

- Determinar de que forma o estudo das operações das instituições financeiras afecta a manutenção das suas instalações.

- Identificar como são gerados os problemas de manutenção dos edifícios das instituições financeiras.

- Determinar o estado de funcionamento dos edifícios das instituições financeiras e sugerir possíveis formas de melhorar a sua gestão da manutenção.

1.5 Âmbito e limitações da investigação

O trabalho de investigação abrange a gestão da manutenção das instituições financeiras bancárias e não bancárias na Nigéria. Os dados foram recolhidos em estados selecionados do norte da Nigéria. São eles Borno, Plateau e a capital federal Abuja. As informações foram obtidas nos escritórios das organizações através dos seus vários escritórios localizados nos estados acima referidos.

O Banco Central da Nigéria, os bancos de desenvolvimento e os bancos de depósitos foram considerados no âmbito das instituições financeiras bancárias, enquanto as companhias de seguros, os administradores de fundos de pensões, as empresas de corretagem de acções e as agências de câmbio foram inquiridas no âmbito das instituições financeiras não bancárias. Espera-se que o estudo acima referido represente a tendência da política de manutenção das instituições financeiras na Nigéria.

1.6 Declaração de Hipótese

Hipótese 1

Hipótese nula (Ho) Não existe uma relação significativa entre os
as políticas de manutenção e o desempenho da gestão da manutenção dos edifícios da instituição financeira.

Hipótese alternativa (HI): Existe uma relação significativa entre as políticas de manutenção e o desempenho da gestão da manutenção dos edifícios das instituições financeiras.

Hipótese 2

Hipótese nula (HO): Não existe uma relação significativa entre o orçamento de manutenção e o desempenho da gestão da manutenção dos edifícios das instituições financeiras.

Hipótese alternativa: (HI): Existe uma relação significativa entre o orçamento de manutenção e o desempenho da manutenção
gestão dos edifícios das instituições financeiras.

CAPÍTULO 2

A ESTRUTURA E O DESENVOLVIMENTO DO SISTEMA FINANCEIRO NIGERIANO

2.1 INTRODUÇÃO

O Sistema Financeiro Nigeriano (SFN) tem sofrido, ao longo dos anos, mudanças notáveis em termos do número de instituições estabelecidas, da estrutura de propriedade, da profundidade e amplitude dos mercados financeiros sujeitos ao ambiente económico em que opera e do quadro regulamentar. Para além das entidades reguladoras e de supervisão, é possível agrupar as instituições que operam no sistema em mercado monetário, mercado de capitais, instituições de financiamento do desenvolvimento e outras instituições e fundos financeiros (Aderibigbe, 2004).

2.2 AUTORIDADES REGULADORAS E DE CONTROLO

O papel de supervisão das autoridades de regulamentação/supervisão é fundamental para garantir a solidez e a eficiência das instituições financeiras, a fim de reforçar a confiança e a estabilidade do sistema.

2.2.1 O Banco Central da Nigéria (CBN)

A CBN é a principal autoridade reguladora do sector financeiro nigeriano. As responsabilidades da CBN são definidas pela Lei dos Bancos e Outras Instituições Financeiras (BOFIA) de 1991 e alterações subsequentes. Entre as suas principais funções, o Banco emite moeda com curso legal e mantém as reservas externas da Nigéria para salvaguardar o valor internacional da moeda nacional. Também actua como banqueiro e consultor financeiro do Governo Federal, bem como banqueiro de outros bancos do país (Aderibigbe, 2004).

O Banco Central também desempenha a função de gestão da dívida pública das seguintes formas:

- Aconselha o Governo sobre o calendário de lançamento de instrumentos de dívida e as condições de emissão;
- Publicitar o produto das emissões em nome do Estado;
- Supervisiona as emissões de certificados e mandados e mantém uma contabilidade adequada;
- Paga os juros e o capital nas datas de vencimento e gere o fundo de amortização criado propositadamente para o resgate das emissões.

Os instrumentos de gestão da dívida emitidos pelo Banco Central em nome do Governo são os Bilhetes do Tesouro, os Certificados do Tesouro e as Acções de Desenvolvimento de longo prazo (Falegan, 1987).

2.2.2 Corporação Nigeriana de Seguro de Depósitos (NDIC)

Segundo Aderibigbe (2004), o NDIC foi criado pelo Decreto 22 de 1998 e começou a funcionar em fevereiro de 1989. A sua principal responsabilidade é proteger os depósitos bancários para promover a confiança no sector bancário e garantir a estabilidade do sistema. O NDIC assegura a responsabilidade pelos depósitos dos bancos autorizados a operar na Nigéria; ajuda os bancos a ultrapassar problemas temporários de liquidez no interesse do sistema, garante o pagamento aos depositantes segurados até um máximo de N50 000 por depositante e apoia as autoridades reguladoras na garantia de um sector bancário sólido.

2.2.3 A Comissão dos Valores Mobiliários (SEC)

Aderibigbe (2004) afirma ainda que a SEC é o principal organismo regulador do mercado de capitais nigeriano. Foi criada pela Securities and Exchange Commission Act de 1979, que foi reforçada pela Securities and Exchange Commission Act de 1989 e pela "Investments and Securities Act No. 45" de 1999 - que conferiu à comissão uma vasta gama de poderes regulamentares sobre as instituições que operam no mercado de capitais.

2.2.4 A Comissão Nacional de Seguros (NAICOM)

A Comissão Nacional de Seguros, de acordo com Aderibigbe (2004), foi criada em 1997 como uma autoridade reguladora do sector dos seguros. Alguns dos seus objectivos específicos são apresentados a seguir:

- Estabelecimento de normas para o exercício da atividade seguradora, proteção dos tomadores de seguros e criação de um gabinete ao qual o público pode apresentar queixas contra as companhias de seguros e outros intermediários.

- Assegurar uma capitalização e reservas adequadas para as actividades de seguros na Nigéria.

- Implementação da nova estrutura de capital das companhias de seguros.

2.2.5 O Banco Federal Hipotecário da Nigéria (FMBN)

O Federal Mortgage Bank of Nigeria foi criado pelo Decreto 7 de 1997, quando assumiu os activos e passivos da National Building Society, na sequência da adoção da política nacional de habitação em 1990 e da promulgação da Lei N0. 3 de 1991. O FMBN tornou-se responsável pela concessão de licenças às instituições de crédito hipotecário na Nigéria.

2.2.6 O Comité de Coordenação da Regulamentação dos Serviços Financeiros (CCRF)

O FSRCC foi criado pela Lei n.º 37 de 1998 (na sua versão alterada) para coordenar e harmonizar os esforços de supervisão de todas as instituições reguladoras do país. O FSRCC inclui o CBN, com o Governador como Presidente, o Ministério Federal das Finanças, o NDIC, a SEC, o NAICOM e o Secretário-Geral do CAC. O comité reúne-se regularmente para coordenar as suas actividades, a fim de minimizar as áreas de conflito e de arbitragem regulamentar que poderiam resultar da falta de coordenação adequada das unidades regulamentares individuais (Aderibigbe 2004)

2.2 O MERCADO MONETÁRIO

A CBN assumiu o papel catalisador de assegurar a criação de instituições do mercado monetário desde a década de 1960, para facilitar a condução da política monetária e a gestão da liquidez pelos bancos. A principal função do mercado monetário é facilitar a intermediação de fundos de curto prazo das unidades excedentárias para as deficitárias e obter fundos do mercado para colmatar lacunas orçamentais através da transação de títulos de curto prazo no mercado.

Os principais actores do mercado monetário nigeriano são os bancos de depósitos, as casas de desconto, os bancos comunitários, enquanto a CBN está pronta a desempenhar o papel de prestamista de última instância. Os instrumentos primários do mercado monetário incluem Bilhetes do Tesouro, Certificados do Tesouro, Call money, Certificados de Depósitos, Aceitações de Bancos, Fundos de Investimento e Papéis Comerciais, e Acções de Desenvolvimento Elegíveis (EDS) (Onyido 2004).

2.3 .2 Os bancos de depósitos monetários (BDM)

Em 2004, Aderibigbe afirmou ainda que os DBMs surgiram na sequência da adoção do Sistema Bancário Universal em 2001 e da eliminação da dicotomia entre bancos comerciais e mercantis. Um banco universal desempenha o papel mais importante de intermediação financeira na economia nigeriana, alguns dos quais são referidos a seguir:

- A atividade de receção de depósitos em contas correntes, de poupança ou outras.
- Pagar ou cobrar cheques emitidos ou pagos pelos clientes.
- Prestação de serviços financeiros, de consultoria e de aconselhamento.
- Efetuar e gerir investimentos em nome de qualquer pessoa.
- A prestação de serviços de comercialização de seguros e de actividades nos mercados de capitais ou outros serviços que possam ser exigidos pelas autoridades reguladoras.

Os SGBD criam moeda no processo de concessão de empréstimos e adiantamentos aos seus clientes. As principais autoridades são a CBN e a NDIC.

2.3.2 As casas de desconto (DH)

Uma casa de desconto é uma instituição financeira não bancária especializada que, de acordo com Bamisile (2004), serve de intermediário financeiro entre a CBN, o banco autorizado e outras instituições financeiras, mobilizando fundos de sectores excedentários e canalizando-os para sectores deficitários. Os seus clientes são principalmente bancos e outras instituições financeiras, que colocam e pedem emprestadas grandes quantias de dinheiro, geralmente a muito curto prazo.

Mobilizam os seus recursos para investimento em títulos através de facilidades de desconto e redesconto em títulos do Estado a curto prazo. As casas de desconto foram introduzidas no mercado monetário nigeriano no início da década de 1960 para facilitar a realização de operações de mercado aberto como instrumento de política monetária. Exemplos de casas de desconto na Nigéria são a Kakawa Discount House, a First Securities Discount House, a Express Discount House, a Associated Discount House, etc.

2.4 O MERCADO DE CAPITAIS

O mercado de capitais é um mercado de mobilização de fundos a longo prazo para investimento em projectos de capital. De acordo com Onyido (2004), as principais instituições do mercado nigeriano são a Comissão de Valores Mobiliários, a Bolsa de Valores da Nigéria (NSE), a Bolsa de Valores de Abuja, as casas emissoras e as empresas de corretagem de acções. A CBN desempenhou um papel central na criação de instituições do mercado de capitais na Nigéria, incluindo a Comissão de Valores Mobiliários.

2.4.1 A Bolsa de Valores da Nigéria (NSE)

A NSE evoluiu a partir da Bolsa de Valores de Lagos, que foi constituída como uma sociedade de responsabilidade limitada e proporciona um mecanismo de mobilização de poupanças privadas e públicas para o investimento produtivo na economia. As funções da bolsa incluem: servir de meio para reunir os participantes no mercado para a compra e venda de acções e títulos. Concessão de cotação na bolsa de valores relativamente a acções e títulos ao abrigo do requisito de admissão à cotação da NSE. Incentivada pelo aumento da procura dos seus serviços, a Bolsa de Valores da Nigéria alargou, desde 1977, os seus pregões a Port Harcourt, Kano, Ibadan, Onitsha, Abuja, etc., a fim de aproximar os seus serviços do público investidor.

Para além da compra e venda de valores mobiliários, a NSE subscreve por vezes novas emissões e introduz novas empresas no mercado bolsista. Os principais instrumentos do mercado de capitais são as acções, os títulos de dívida, as obrigações e as acções. Outros incluem: acções de empréstimos industriais, acções preferenciais, bem como títulos de dívida pública.

2.4.2 O mercado primário

O mercado primário é o mercado de novas emissões de valores mobiliários. A modalidade de oferta inclui ofertas de subscrição, emissões de direitos, ofertas de venda e colocações privadas. As instituições que negoceiam incluem as entidades emissoras, os bancos de depósitos, os corretores de bolsa, as companhias de seguros e a CBN.

2.4.3 O mercado secundário

É o mercado onde são transaccionados os títulos existentes e é constituído pelas bolsas de valores e pelos mercados de balcão (OTC), onde os títulos são comprados e vendidos após a sua emissão no mercado primário. As actividades no mercado secundário são realizadas nos andares da bolsa, onde os investidores e os vendedores de títulos se encontram para consumar os negócios através dos seus corretores.

2.4.4 O regime de Unit Trust

O Unit Trust Scheme é um mecanismo de mobilização de recursos financeiros de pequenos e grandes aforradores e de gestão desses fundos para obter o máximo rendimento com o mínimo de riscos, o que se consegue através da diversificação da carteira. O Unit Trust Scheme, se for bem gerido, oferece as vantagens de um baixo custo, liquidez e rendimentos elevados.

2.4.5 As instituições de financiamento do desenvolvimento (IFD)/bancos especializados

Preocupados com o ritmo lento do desenvolvimento e do crescimento económico e reconhecendo a necessidade de mobilizar recursos excepcionais para o investimento nos sectores críticos da economia, foram criadas instituições de financiamento do desenvolvimento (IFD) ou instituições financeiras especializadas. As recentes reformas e reestruturações das IFD, destinadas a aumentar a sua eficácia e eficiência no cumprimento dos objectivos para os quais foram criadas, resultaram na fusão do NIDB, do NBCI e do NERFUND para formar o Banco da Indústria (BOI). Do mesmo modo, o NACB, o FEAP e o Peoples Bank foram fundidos para formar o Nigerian Agricultural and Rural Development Bank (NARDB) (Aderibigbe, 2004).

O Banco de Desenvolvimento Urbano (BDU)

O Banco de Desenvolvimento Urbano foi criado em 1992 com o objetivo de criar mais capital para resolver os problemas de habitação inadequada nas cidades, transportes, eletricidade e abastecimento de água. O banco opera numa base lucrativa e presta serviços financeiros aos sectores público e privado da economia para o desenvolvimento de habitações urbanas, fornecimento de sistemas de transportes de massa e serviços públicos.

Banco Nigeriano de Exportação-Importação (NEXIM)

O Banco Nigeriano de Exportação-Importação nasceu em março de 1979, quando o Governo Federal aprovou um pacote de incentivos à exportação proposto pela CBN. A proposta e a decisão foram motivadas pelo facto de o mercado mundial das exportações ser altamente competitivo em termos de preços e de o sucesso depender não só da competitividade dos preços e da qualidade, mas também da capacidade do exportador para obter e conceder facilidades de crédito.

As actividades do NEXIM incluem o financiamento do comércio e de projectos a taxas de juro preferenciais, operações de tesouraria, serviços de consultoria em matéria de exportação, fornecimento de informações sobre o mercado e garantias de risco de mercado.

Bancos comunitários (BCM)

Trata-se de instituições financeiras auto-sustentáveis, detidas e geridas pela comunidade. A responsabilidade de receber e processar os pedidos de criação de bancos comunitários cabia anteriormente ao Conselho Nacional para os Bancos Comunitários, mas foi recentemente colocada sob a alçada do Banco Central da Nigéria.

Banco Popular da Nigéria (PBN)

Este banco foi criado através de um anúncio orçamental em 1988 e adquiriu estatuto jurídico com a promulgação da Lei n.º 22 de 1990. A principal função do banco, como refere Aderibigbe (2004), é satisfazer as necessidades de crédito dos pequenos mutuários, que não podem satisfazer os requisitos rigorosos em matéria de garantias exigidos pelos bancos. O PBM facilita o acesso ao crédito por parte dos operadores económicos ao nível das bases. Na sequência da reestruturação das IFD, o PBN faz agora parte do NARDB.

2.4.6 Outras instituições financeiras e fundos

Trata-se de instituições financeiras não bancárias que prestam serviços financeiros de algum tipo ao público. Apresentam-se de seguida algumas delas:

Sociedades Financeiras (SF)

As sociedades financeiras são intermediários financeiros não bancários de curto prazo que se dedicam à mobilização, colocação e gestão de fundos, ao financiamento de projectos, à locação financeira de equipamentos, ao factoring de dívidas e à concessão de empréstimos. Estão proibidas por lei de aceitar depósitos e de efetuar operações de câmbio.

Bamisile (2004) afirma que as sociedades financeiras operavam fora da previsão regulamentar da CBN antes da promulgação da BOFIA de 1991, que as colocou sob o controlo e supervisão diretos da CBN. No final de 2002, estavam em atividade 102 sociedades financeiras. Destas, 49 cumpriram o requisito de capital mínimo realizado, enquanto 53 ainda não o tinham feito. Em 1992, existiam 618 sociedades financeiras

que baixou para 98 em 2002. Muitas das suas licenças foram revogadas na sequência da crise que abalou o sector. Atualmente, o número de sociedades financeiras desceu para 76.

Casa de Câmbio (BDC)

As agências de câmbio foram autorizadas em 1989 a atuar como operadores no mercado à vista de divisas, a aprofundár o mercado cambial, a estabilizar a taxa de câmbio da naira e a melhorar o acesso às divisas, especialmente para os pequenos utilizadores. Devem comprar e vender divisas estrangeiras e cheques de viagem a uma taxa oficial sujeita a uma comissão. Existem 275 BDC registados, dos quais 149 estão em funcionamento (Basimile, 2004). Em 2008, o número de BDC registados era de 610.

Companhias de seguros

As companhias de seguros são instituições financeiras que garantem o segurado contra o risco de perda ou dano. As companhias de seguros recebem prémios sobre os vários tipos de riscos segurados. Um prémio é o montante pago, ou acordado, por um contrato de seguro (Ewa e Agu, 1989).

As companhias de seguros utilizam os prémios dos tomadores de seguros e investem esses fundos noutros mercados, como obrigações, acções, hipotecas e títulos do Estado. A atividade seguradora consiste em seguros de vida e não vida, bem como em resseguros. A Nigerian Reinsurance Corporation foi criada em 1977 para fornecer cobertura de resseguro às companhias de seguros, a fim de reduzir o risco inerente à atividade seguradora. Espera-se que a corporação também ajude o governo a atingir os seus objectivos económicos e sociais no domínio dos seguros e resseguros (Baisile, 2004).

Fundos de pensões

A maior parte das grandes empresas privadas e públicas concede prestações de reforma. Embora não exista uma regulamentação uniforme, cada fundo de pensões tem um contrato fiduciário que, no caso das indústrias controladas pelo Estado, deve ser aprovado pelo Governo. Consequentemente, a maioria dos regimes de pensões (especialmente os dos organismos públicos) tem caraterísticas semelhantes.

- Normalmente, a empresa contribui mensalmente com 25% do salário do pessoal sujeito a pensão.

- Os fundos de pensões públicos devem deter pelo menos 75% da carteira total em títulos do Estado, enquanto os fundos de empresas privadas devem deter um mínimo de 25% em títulos do Estado.

- Os fundos de pensões do Estado estão autorizados a investir em acções, mas apenas os fundos privados cujo contrato fiduciário esteja registado na Nigéria estão autorizados a deter acções, em conformidade com o Decreto de Promoção das Empresas Nigerianas (NEPD).

A maior parte dos fundos é gerida internamente, mas alguns dependem essencialmente do administrador fiduciário para aconselhamento em matéria de investimento. Muitas empresas de menor dimensão podem desenvolver o seu regime de pensões de modo a assegurar a gestão interna dos fundos de menor dimensão. Estas empresas terão interesse em recorrer à gestão profissional de fontes externas, nomeadamente os intermediários financeiros especializados no domínio da gestão de fundos (Falegan, 1987).

Nos termos da Lei da Reforma das Pensões de 2004, os principais operadores das pensões são a Comissão Nacional de Pensões, os Administradores de Fundos de Pensões (AFP), os Administradores de Fundos de Pensões Fechados (AFPC) e os Guardiões de Fundos de Pensões.

Comissão Nacional de Pensões (PenCom)

O PenCom é o órgão de cúpula do sector das pensões na Nigéria e foi criado para regulamentar, supervisionar e assegurar a administração eficaz das questões relativas às pensões. De acordo com Balogun (2004), as principais funções do PenCom são as seguintes

- Estabelecer regras normalizadas para a gestão das pensões
- Emitir orientações em matéria de investimento
- Aprovar, licenciar e regulamentar as APF, APCF e APCF
- Realizar acções de sensibilização e educação do público sobre o regime
- Promover o reforço das capacidades e das instituições
- Receber e investigar queixas contra operadores e empregadores
- Impor sanções ou coimas aos empregadores em falta, PPFA, PFC, CPFA
- Assegurar que o pagamento e o envio das contribuições são efectuados e que os beneficiários da conta poupança-reforma são pagos na data devida.

Administradores de fundos de pensões (PFA)

As PFA são sociedades de responsabilidade limitada devidamente autorizadas pela Pencom como veículos de finalidade especial para exercer exclusivamente actividades no domínio das pensões. Abrem contas de poupança-reforma para os trabalhadores, gerem os fundos de pensões de acordo com as disposições da comissão, mantêm registos contabilísticos de todas as transacções relativas aos fundos de pensões sob a sua gestão, fornecem informações regulares aos trabalhadores ou beneficiários e pagam as prestações de reforma aos trabalhadores em conformidade com as disposições da lei relativa à reforma das pensões de 2004 (Ahmad, 2006).

Depositários de fundos de pensões (PFCs)

Ahmad (2006) afirma ainda que as PFC são nomeadas pelas PFA. São responsáveis pelo armazenamento dos activos do fundo de pensões. O empregador envia a contribuição diretamente para o depositário, que notifica a PFA da receção da contribuição e a PFA credita subsequentemente a conta poupança-reforma do trabalhador. O depositário executa as transacções e realiza as actividades relacionadas com a administração do investimento do fundo de pensões mediante instruções da PFA. Antes de lhe ser emitida uma licença de funcionamento, o depositário dos activos do fundo de pensões deve ser uma sociedade de responsabilidade limitada constituída ao abrigo da Lei das Sociedades e das Matérias Conexas e uma instituição financeira autorizada. O depositário deve guardar os activos do fundo de pensões em nome do seu cliente.

Administradores de Fundos de Pensões Fechados (CPFA)

Nos termos da secção 39 da PRA (2004) e do ponto 4.15 das orientações da PenCom, qualquer organização privada ou organismo público com um regime de pensões autofinanciado e bem gerido que pretenda gerir o seu fundo pode obter uma licença como CPFA. O CPFA terá as mesmas responsabilidades/funções que o PFA e responderá perante o PenCom (Balogun, 2004).

Instituições hipotecárias primárias (PMI)

Os PMI foram criados em 1989 e funcionam ao abrigo do Decreto n.º 53 de 1989, com o objetivo de mobilizar poupanças para o desenvolvimento do sector da habitação. A habitação é uma das necessidades básicas do ser humano. Um sector da habitação forte e dinâmico é uma indicação de forte formação de capital através do investimento nacional e é, de facto, a base e o primeiro passo para o futuro crescimento económico e desenvolvimento social (Bamisile, 2004) Na Nigéria, as actividades estão em baixa devido à escassez de fundos a longo prazo para o desenvolvimento da habitação. Com exceção do National Housing Fund Scheme (NHF) e dos fundos das companhias de seguros de vida, todos os outros fundos de investimento são de curto prazo. O acesso ao primeiro é muito difícil, enquanto o impacto do segundo é negligenciável. O número de PMI em funcionamento em dezembro de 2002 era de 80 e aumentou para 93 em 2008.

O Fundo Fiduciário da Segurança Social da Nigéria (FSSN)

O NSITF foi criado pelo Decreto 73 de 1993. O fundo destinava-se a adotar uma abordagem mais abrangente do seguro de doença para os trabalhadores dos sectores público e privado. Substituiu o Fundo Nacional de Previdência, criado em 1961 como um regime obrigatório para os trabalhadores não reformados (Aderibigbe, 2004).

2.5 GESTÃO DA MANUTENÇÃO DOS EDIFÍCIOS

Os edifícios são também os bens mais valiosos de uma nação, fornecendo às pessoas abrigo e instalações para trabalho e lazer. As contribuições das sucessivas gerações para o património de uma nação e o seu valor futuro ascenderão a muitos milhares de milhões de nairas. A importância da manutenção de edifícios pode ser avaliada pela sua contribuição para as actividades da indústria da construção e para o produto nacional bruto (PNB) (Ogunbiyi, 2003.)

O ambiente construído expressa em termos físicos os complexos factores sociais e económicos que dão estrutura e vida a uma comunidade (Lee,1987). O estilo dos edifícios em qualquer comunidade reflecte a cultura e a propensão dessa área, mais ainda, os edifícios em ruínas numa dada comunidade. De acordo com Lee (1987), as decisões de manutenção baseiam-se na conveniência e, ao longo de um período de tempo, representam uma série de compromissos ad hoc e não relacionados entre as necessidades físicas imediatas do edifício e a disponibilidade de financiamento.

A manutenção representa cerca de 40% da produção do sector da construção em todo o mundo e, por sua vez, as obras novas representam os restantes 60%. A necessidade de preservar um edifício como um bem patrimonial e o grau de eficácia obtido com os recursos utilizados na manutenção de um edifício não é frequentemente discutido. Insal (1973) e Markus (1994) em Abubakar (2005) descrevem, respetivamente, os edifícios antigos e degradados como diamantes em bruto à espera de serem lapidados e polidos, e que existe um cuidado sensível para devolver aos edifícios mais obsoletos o seu vigor anterior. Em suma, estes edifícios são tesouros que devem ser acarinhados.

Do ponto de vista do profissionalismo, os edifícios são concebidos para desempenhar funções claras e identificáveis. Espera-se que estas funções sejam mantidas durante toda a vida útil do edifício. Ogunbiyi (2003) considera que a concretização desta expetativa passa por uma manutenção regular, que pode ser classificada da seguinte forma

Manutenção planeada	Manutenção preventiva	Manutenção de rotina
Manutenção não planeada	Manutenção de emergência	Manutenção de rotina

2.5.1 Manutenção preventiva

A manutenção preventiva, também conhecida como manutenção planeada, é a ação ou acções corretivas ou preventivas tomadas na reparação ou substituição de um componente defeituoso de um edifício para evitar falhas previstas ou evitáveis. Podem ser poupadas somas consideráveis de dinheiro através de um plano de ação bem concebido, tendo em conta a necessidade de uma boa relação custo-eficácia.

2.5.2 Manutenção de rotina

Esta é também designada por manutenção planeada, na medida em que o responsável pela manutenção não espera que um componente do edifício esteja defeituoso para o substituir ou restaurar. Trata-se de um componente defeituoso no dia a dia, de acordo com a tabela de manutenção elaborada. A elaboração desta tabela baseia-se na experiência adquirida ao longo do tempo com o desempenho dos componentes em utilização.

2.5.3 Manutenção de emergência ou não planeada

A manutenção de emergência é a ação rápida, necessária para retificar falhas num edifício e noutros equipamentos criados pelo homem. Estas podem ter origem em:

- Falhas na manutenção planeada.
- Causas naturais ou outras, por exemplo, tempestades, inundações, razões sanitárias, acidentes e estrume.
- Avarias devidas ao desgaste na utilização das instalações.
- A manutenção de emergência é invariavelmente perturbadora e dispendiosa e sublinha a necessidade de um programa de manutenção eficaz e planeado.

2. 6PLANEAMENTO DA GESTÃO DA MANUTENÇÃO

Planeamento da gestão

Este é talvez o ponto crucial de toda a abordagem de qualquer atividade de gestão, mas parece raramente ser posto em prática. As pequenas instituições argumentam que, muitas vezes, simplesmente não têm tempo ou recursos para executar um plano de operações claro, enquanto as grandes instituições podem muitas vezes ficar envoltas em burocracia e perder de vista o benefício essencial de uma estratégia planeada (Oyefeko, 2003).

O planeamento, entre outras coisas, deve ser capaz de contribuir para a finalidade e o objetivo da organização, independentemente do padrão positivo. Os planos, por si só, não podem fazer com que uma empresa seja bem sucedida, sendo também necessária ação para que a empresa funcione. De acordo com Abubakar (2005), planear é decidir antecipadamente o que fazer, como fazê-lo e quem o deve fazer. O planeamento preenche a lacuna entre o que queremos e o que queremos fazer, possibilitando a ocorrência de coisas que de outra forma não teriam acontecido. Se não houver planeamento, os acontecimentos são deixados ao acaso. Sem planos, a ação pode tornar-se uma mera atividade de rando, produzindo apenas o caos: o planeamento prossegue logicamente a execução de todas as outras funções de gestão.

O planeamento deve ser eficaz e a "eficácia do plano é medida pelo montante da sua contribuição para a finalidade e os objectivos, compensado pelo custo e por outras consequências imprevistas necessárias para a sua formulação e funcionamento" (Bernard, 1976). O planeamento da manutenção deve poder ser flexível sem acarretar custos adicionais e deve ser revelado periodicamente para manter o planeamento em sintonia com o objetivo global de manutenção de uma organização.

2.6.1 Justificação da manutenção

A manutenção dos edifícios e dos seus serviços é um processo contínuo que começa imediatamente após a conclusão prática de um projeto de construção. No entanto, o nível de um edifício ao longo do seu ciclo de vida protege-o de falhas ou colapsos prematuros e indevidos. A ausência de uma cultura de manutenção e a incapacidade de identificar as condições e a qualidade do edifício reflectem o orgulho público, ao passo que o nível de propensão no ambiente construído aumenta o valor social para dar ao ambiente o seu carácter único (Adekoya, 2003).

A essência do planeamento da manutenção consiste em assegurar que os trabalhos considerados necessários sejam realizados com a máxima economia. Diz-se que os trabalhos de manutenção são rentáveis se surgirem devido à ação do ar, ao desgaste e forem realizados de forma adequada. Robertson (1969), presumiu que "adequadamente" aqui é tanto a qualidade como o custo. A eficácia do planeamento da manutenção é uma medida do desempenho real. A este respeito, a eficácia de qualquer manutenção depende do seu planeamento. A razão básica para o planeamento da gestão na manutenção do edifício é a antecipação de falhas em qualquer parte do edifício e a implementação de formas adequadas de prevenção ou correção dessas falhas.

2.6.2 Factores que afectam o planeamento da manutenção

Para uma manutenção eficaz de um edifício, o planeamento é um fator essencial. A inspeção regular para a execução de programas de manutenção e a consequente monitorização só podem ser alcançadas com base num plano bem concebido, assente nos dados e na experiência disponíveis. Não haverá eficácia na manutenção sem monitorização, nem monitorização sem planeamento e nem planeamento sem objetivo (Adekoya, 2003).

2.6.3 Necessidade de planeamento da manutenção

A manutenção é a quarta fase da vida do edifício, considerando-a por esta ordem: projeto, conceção, construção, manutenção e demolição. A necessidade de planeamento é identificada pelos seguintes pontos:

- Analisar o estado atual do edifício no que diz respeito à utilização e à duração de vida para cumprir os requisitos físicos, funcionais e económicos;
- Descrever o programa de trabalho necessário para manter o edifício em condições satisfatórias;
- Determinar a metodologia de execução do programa;
- Determinar as implicações financeiras dos trabalhos de manutenção.

2.6.4 Tipos de planeamento da manutenção

O planeamento das operações de manutenção é a tentativa de estabelecer o tempo real em que um trabalho específico será realizado sequencialmente com todos os recursos necessários disponíveis. Os tipos de planeamento da manutenção apresentados por Adekoya (2003) incluem

i. O planeamento a longo prazo incide sobre os seguintes pontos abaixo enumerados:

- Um plano de ação para melhorar a manutenção na organização.
- Programas de formação para o pessoal de manutenção.
- Métodos de trabalho, objetivo de melhoria do trabalho-estudo.
- Estabelecer as futuras necessidades e fontes de capital.
- Calendário do equipamento.

ii. Planeamento anual - refere-se ao estabelecimento de um plano de manutenção anual constituído pelos elementos a seguir enumerados:

- Estabelecimento de um calendário para a responsabilidade pela manutenção.
- Identificar os materiais e equipamentos necessários para o ano.
- Calendário das grandes obras que exigirão uma paragem ou quando a instalação estiver a ser utilizada ou retirada para manutenção.
- Obtenção e disponibilização de mão de obra, equipamento, materiais e dinheiro para o plano.

iii. Planeamento diário - este é um plano que é executado diariamente. Consiste no seguinte:

- Tempo de programação para cada operação.
- Estabelecimento de uma lista de materiais necessários para o dia, incluindo a redação de especificações.
- Preparação de todas as ordens de trabalho e outros documentos necessários.

2. 7MANUAL DE MANUTENÇÃO

A eficácia do planeamento da manutenção só pode ser alcançada quando se baseia em informações actualizadas. É necessário prestar uma atenção adequada à preparação do manual de manutenção na fase de construção, que deve conter informações sobre:

i. Desenhos "as-built" indicando as posições das armaduras, tubagens, acessórios, ocultos ou não.

ii. Tipos de materiais utilizados e o consequente período de manutenção com base nos pormenores do fabricante.

iii. Materiais e obras que necessitam de redecoração e substituição em períodos específicos para todas as secções do edifício.

iv. Métodos de construção com indicação de caraterísticas e técnicas de junção.

O acima exposto melhorará a decisão sobre a política de manutenção, reduzindo assim a incidência de acções de manutenção ineficazes e não planeadas. Contribuirá igualmente para a obtenção de um regime económico e de manutenção favorável.

De acordo com Lee (1987), o manual de informação do edifício é um documento que enumera as instalações a manter, a sua localização e condição, e é um pré-requisito essencial para o planeamento da manutenção. No caso de edifícios novos, o projetista pode fornecer um manual de manutenção, mas este terá de ser continuamente revisto à luz da experiência direta com o edifício e para incorporar quaisquer alterações ou adições.

O manual de manutenção e o diário de trabalho publicados pelo Centro de Construção (1968) estão divididos em três partes, como se segue:

1. Fontes de informação: Inclui a descrição de um edifício, consultores contratuais, informações sobre contratos, autoridades, subcontratantes e fornecedores, contratos de emergência, plano de áreas e cargas, e lista de contratos de manutenção.

2. Manutenção geral: Neste caso, trata-se da limpeza regular, das tabelas de manutenção geral, das instruções de manutenção geral, das folhas de registo de manutenção geral e dos acessórios para substituição.

3. Manutenção de serviços: Inclui o guia de manutenção dos serviços, os acessórios para substituição, a folha de registo e a lista de desenhos.

O manual é preparado pelo projetista com base, em grande parte, nas informações recebidas dos fabricantes e fornecedores. Seeley (1987) afirma que um manual completo e corretamente preparado terá três funções principais.

i. Permitirá ao gestor imobiliário organizar de forma eficaz e económica a reparação e a manutenção do edifício, dos seus serviços e da sua envolvente.

ii. Permitirá ao ocupante limpar o edifício e operar os seus serviços de forma eficiente, reduzindo assim a perda de tempo e de produção.

iii. Estabelecerá uma ligação entre a equipa de conceção do projeto, o cliente e a sua organização de manutenção para benefício mútuo.

2.7.1 Conceito de manuais de manutenção

O manual de manutenção é composto por três partes fundamentais, a saber

- Um registo físico do edifício e do local, incluindo materiais, serviços, área superficial e conteúdo cúbico, tudo com o detalhe suficiente para ajudar o gestor a cuidar da propriedade de forma eficiente.

- Ciclos de inspeção e manutenção calendarizados para os vários elementos, incluindo serviços, juntamente com listas de verificação pormenorizadas, calendários de manutenção para serviços de engenharia e uma lista de subcontratantes e fornecedores especializados.

- As informações e instruções relativas à manutenção são delegadas à fotocopiadora.

2.7.2 Tipos de manuais de manutenção

Os critérios estabelecidos por Carnwath (1972) para a elaboração de um manual de manutenção são os seguintes

- A simplicidade absoluta da identificação;

- Mínimo de codificação e máximo de abreviaturas facilmente identificáveis;
- Desenhos especializados para mostrar a drenagem, as linhas de serviço enterradas, as cargas do piso, o fecho do alarme de incêndio e caraterísticas semelhantes;
- E uma tentativa geral de tornar o edifício o mais fácil de gerir e o manual o mais fácil de ler possível.

Carnwath (1972) também divide o manual em três volumes, a saber

i. Especificações do edifício com desenhos-chave, nomes e moradas, cores de tintas, materiais, números de tipos de plantas, potências de lâmpadas, etc., para ajudar quem precisa de informações pormenorizadas rapidamente ou para substituir artigos danificados.

ii. Referências de manutenção, descrevendo todas as frequências de requisitos de limpeza e manutenção, e áreas específicas de materiais e número de instalações e equipamentos. Ajuda o gestor de manutenção a planear o seu volume de trabalho e contém dados para enviar a um empreiteiro de limpeza como base para os seus orçamentos.

iii. Orçamentos actuais e previsionais e datas de substituição programadas para as instalações.

Todos os volumes estão contidos em pastas de folhas soltas para incentivar o gestor de manutenção a atualizar as informações, inserindo comentários sobre o desempenho, revendo as especificações à medida que novos itens são instalados e modificando os procedimentos e frequências de manutenção

Quadro 1: Programa de materiais do manual de manutenção

Número do elemento - 2 (Pavimentos/Tectos)

Item No.	Item	Localização	Descrição e comentário	Fabricante ou fornecedor
1	Ladrilhos acústicos	Acesso à cave Corredor	Ladrilhos solitude fissurados com liga de ouro, 300 mm2, auto-acabamento no "tipo J" de Anderson suspensão, com remate de bordo esmaltado em fogão semibrilhante branco.	Fornecido e fixado por Ultra Consultar a Nigéria Limited, Jos
2	Pavimento de asfalto	Sala do tanque	Inclui rodapé com 300 mm de altura	Idem
3	Ladrilhos de alcatifa	Escritórios	Gama de pontilhados de ½ metro quadrado "Debron", cor 103 "castanho tigrado" - Rodapé de Arborite	Fornecido e colocado por Ultra Consult Nigeria Ltd., Jos - Supplying Co.

2.8 PROGRAMAÇÃO DA MANUTENÇÃO DOS EDIFÍCIOS

Para preparar um programa de manutenção, é necessário avaliar o estado geral dos edifícios, dos serviços e das obras exteriores e compará-los com os critérios atualmente adoptados. Os trabalhos de reparação e substituição são avaliados e as prioridades estabelecidas tendo em conta eventuais disposições cíclicas. Existem dois tipos de programação da manutenção: a programação a longo prazo e a programação a curto prazo.

2.8.1 Programação a longo prazo

Este programa fornece um quadro de política de manutenção em que os trabalhos de manutenção são efectuados durante um período de 5 a 7 anos. No âmbito deste programa, os trabalhos podem igualmente ser efectuados todos os meses ou de acordo com o previsto a curto prazo. O objetivo da programação a longo prazo inclui, entre outros, os seguintes aspectos

- Determinar o nível geral de despesas de manutenção suscetível de produzir o nível exigido.

- Determinar a estrutura e os efectivos da organização de manutenção e decidir se o pessoal de manutenção deve ser contratado ou subcontratado.

- Determinar o momento ideal para efetuar grandes reparações e melhoramentos para não interferir com os utilizadores dos edifícios.

A programação a longo prazo procura identificar os trabalhos a efetuar durante 5 a 7 anos. Isto pode ser conseguido com a ajuda de registos de manutenção anteriores. O Instituto Tavistock (1966) observou no sector da construção que a programação a longo prazo só pode ser baseada em pressupostos sobre a variedade, quantidade, quantidade e calendário da futura aplicação de recursos. O relatório afirmava que, na construção nova, a incerteza é muito menor do que nos trabalhos de manutenção. A programação a longo prazo foi descrita por Speight (1969) como um amplo levantamento dos edifícios para estabelecer os principais itens não recorrentes que provavelmente exigirão somas substanciais de dinheiro nos próximos 5 a 7 anos como uma avaliação geral para formular uma política.

2.8.2 Programação a curto prazo

É utilizado para realizar actividades de programação a longo prazo. Trata-se dos trabalhos de manutenção efectuados diariamente, semanalmente ou mensalmente. Os diferentes trabalhos a efetuar são inscritos num diagrama de barras que indica as datas de início e de conclusão de cada um dos trabalhos a efetuar. De acordo com a norma britânica BS 8210 (1986), alguns dos pontos a ter em conta na programação das actividades de manutenção são os seguintes

- Os trabalhos de manutenção devem ser efectuados em alturas susceptíveis de minimizar qualquer efeito adverso sobre a produção ou o funcionamento.

- Qualquer atraso na correção de um defeito só deve ser reduzido ao mínimo se for suscetível de afetar a produção ou a função.

- Os programas devem ser planeados de modo a evitar a realização de obras de melhoramento ou de conversão após a conclusão dos trabalhos de renovação.

- Os trabalhos de manutenção concluídos ou em curso devem respeitar todas as estratégias e outros requisitos legais.

Os programas devem ser elaborados em plena consulta com o cliente e devem ser tidos em conta os condicionalismos operacionais, as circunstâncias financeiras, os requisitos legais e a disponibilidade de dados de retorno, independentemente da abordagem de programação adoptada.

De acordo com Seeley (1987), a manutenção geral dos edifícios foi associada a um ciclo de manutenção de pintura de cinco anos pela Scottish Special Housing Association de uma forma muito eficaz. Nesta abordagem, a canalização e os acessórios sanitários são feitos no ano 1, os serviços especializados e os trabalhos de pintura defeituosos no ano 2, a verificação da garantia da pintura, os serviços de gás e eléctricos no ano 3, a inspeção detalhada do tecido do edifício, incluindo janelas e portas, é feita no ano 4 e, finalmente, a verificação dos elementos a repintar e a inspeção do serviço externo são feitas no ano 5. Uma abordagem alternativa para a preparação de um programa de manutenção planeado para cinco anos é indicada no Quadro 2.

Em conclusão, a programação da manutenção de um edifício tem a ver com objectivos, políticas, procedimentos, regras, atribuição de tarefas, medidas a tomar, recursos a utilizar e outros elementos necessários para realizar os trabalhos de manutenção de um edifício, que são normalmente suportados por orçamentos de funcionamento e de capital.

Quadro 2: Programa de manutenção planeada para 5 anos

Anos		1	2	3	4	5
Tecido exterior/ Pré-pintura	Inquérito					
Manutenção	Execução do trabalho	►				
Trabalhos exteriores/decoração	Inquérito	►				
	Execução do trabalho		►			
Canalização	Inquérito		►			
	Execução do trabalho			►		
InternoTecido/Interno	Inquérito			►		
Acabamentos e acessórios	Execução do trabalho				►	
Eletricidade e aquecimento	Inquérito				►	
Instalação	Execução do trabalho					►

2.9 ORÇAMENTAÇÃO DA MANUTENÇÃO DE EDIFÍCIOS

Um orçamento é definido como uma declaração financeira ou quantitativa preparada antes de um período definido da política a ser seguida durante esse período para obter um determinado objetivo. Trata-se, portanto, de uma base de controlo - o acompanhamento, a avaliação e o fornecimento de uma base para a tomada de decisões sobre operações e planos em curso (Seeley, 1987)

O orçamento, enquanto plano de manutenção a longo prazo, anual ou diário, indica a utilização dos recursos disponíveis em termos de homens, dinheiro, materiais e máquinas durante um período estipulado para os vários objectivos do plano total.

2.9.1 Critérios para uma orçamentação eficaz

Os seguintes critérios são necessários para uma orçamentação eficaz.

- uma compreensão clara dos objectivos e da sua ordem de prioridade.
- Análise e avaliação exaustivas das necessidades a partir dos objectivos.
- Equilíbrio racional entre as exigências e os objectivos no âmbito dos recursos disponíveis.
- Evitar o desperdício de recursos financeiros
- Adaptação de um sistema de controlo eficaz para todos os recursos.

O facto de os gestores não reconhecerem o valor e a necessidade de orçamentos realistas resulta em derrapagens e/ou subestimação do custo dos trabalhos de manutenção dos edifícios. Em muitas organizações, o processo de compilação e avaliação do orçamento é conduzido a um nível de acréscimos às despesas do ano anterior, em vez de utilizar os custos actuais ou as necessidades futuras. Se estiver sob pressão, o orçamento de manutenção do edifício pode ser facilmente cortado para outros fins. É relativamente fácil adiar a incidência das despesas de manutenção porque o efeito de o fazer nem sempre é óbvio e a natureza insidiosa das necessidades não é totalmente reconhecida. Poucas organizações encaram a manutenção dos edifícios como a preservação do ativo enquanto propriedade funcional.

Ao preparar um orçamento de manutenção, deve ser feita uma distinção entre os trabalhos previsíveis correntes, como a pintura, a limpeza e a desobstrução de caleiras, e os trabalhos previsíveis não correntes, como a reparação de pavimentos, telhados, etc. É provável que o montante de contingência para trabalhos imprevistos seja mais elevado se não forem efectuados inquéritos técnicos, e poderá ser difícil planear e controlar eficazmente.

Para introduzir um processo orçamental eficaz, deve ser efectuado um estudo crítico e rigoroso da organização e do serviço que utiliza o orçamento, a fim de determinar os seus pontos fortes e fracos em relação ao que se pretende alcançar. Em primeiro lugar, é necessário testar a validade dos objectivos relativamente às competências e aos recursos da organização/serviço e à competência específica dos produtos.

O segredo do funcionamento do orçamento reside na eficácia dos relatórios e no conhecimento das operações proporcionado pelas vagas do orçamento. O orçamento só pode ser executado se os resultados forem comunicados de forma a merecerem a atenção necessária de todos os níveis de gestão. De acordo com Mac Alpine (1976), as seguintes diretrizes devem ser observadas na preparação dos relatórios orçamentais.

- Apenas os termos de custo incorridos por pessoas responsáveis por uma determinada secção/serviço devem ser incluídos no relatório orçamental dessa secção/serviço.

Além disso, evite incluir a atribuição de despesas gerais ou outras rubricas sobre as quais o chefe de secção/serviço não tem qualquer controlo.

- Só deve ser incluído o mínimo de pormenor adequado ao nível organizacional a que se destina o relatório.

- A contabilidade e a apresentação de relatórios de despesas devem seguir o princípio da apresentação de relatórios de responsabilidade. Quando estes guias são seguidos, é possível obter a acessibilidade exigida e a atenção necessária para uma utilização eficaz dos orçamentos.

Algumas perguntas que podem servir de ajuda para os procedimentos gerais de elaboração do orçamento, tal como são apresentadas por Mac Alpine (1976), são apresentadas a seguir.

- Que orçamentos estão incluídos no regime? Quem é responsável pela sua preparação e coordenação?

- Qual é o prazo para a realização de cada orçamento?

- Quais são os projectos que devem ser elaborados na preparação de cada orçamento?

- Que informações serão necessárias para orientar estas decisões?

- Quais são as fontes desta informação? Como serão recolhidas, analisadas e interpretadas para determinar o facto?

Estes procedimentos, baseados numa abordagem factual da tomada de decisão e da ligação, devem ser apreciados pelo facto de as decisões se basearem em informações incompletas. Em termos precisos, um orçamento diz respeito à declaração de planos e resultados esperados expressos em termos numéricos.

2.10 FORMULAÇÃO DA POLÍTICA DE MANUTENÇÃO DOS EDIFÍCIOS

Uma estratégia de política de manutenção no âmbito da qual podem ser tomadas decisões em matéria de manutenção. Refere-se igualmente a um conjunto de regras para a afetação de recursos. A capacidade de formular uma estratégia de manutenção a longo prazo e de preparar uma previsão orçamental é uma das vantagens de dispor de uma política de manutenção.

De acordo com Seeley (1987), a seguinte abordagem pode ser considerada numa formulação pormenorizada da política de manutenção para uma propriedade específica:

- Análise do estado atual dos edifícios, da sua natureza e utilização e do seu ciclo de vida estimado.

- Descrever o programa de trabalho necessário para colocar e manter o edifício em condições satisfatórias.

- Determinar a execução do programa.
- Calcular os custos aproximados - totais e anuais.

A política acima descrita recomenda as várias acções a seguir indicadas:

i. Centralização do controlo administrativo e técnico da manutenção.

ii. Listagem das prioridades e elaboração de um programa sobre as consequências financeiras do regime ad hoc.

iii. Avaliar as necessidades financeiras para cinco (5) anos e justificar a necessidade de uma maior afetação de fundos, assegurando simultaneamente que o programa é suficientemente flexível para se enquadrar na afetação existente, caso não sejam disponibilizados mais fundos.

iv. Reorganização do pessoal de manutenção, assegurando um equilíbrio adequado entre os técnicos e os trabalhadores do sector da construção.

v. Assegurar que as reparações estruturais negligenciadas são efectuadas e que a pintura exterior é realizada ao mesmo tempo para fazer a melhor utilização possível dos andaimes.

vi. Os edifícios mais recentes devem ser sujeitos a uma manutenção preventiva planeada para evitar a sua deterioração.

A inspeção periódica - de preferência anual - é o melhor método para garantir que a política correta foi concebida e está a ser implementada para responder às condições de necessidade em mudança (Speight, 1970). Devem ser tomadas disposições para pequenas melhorias. Os programas a longo prazo, numa base contínua, devem ser revistos e avançar à medida que cada programa anual é preparado (Gregson, 1973).

Bushell (1973) propôs a seguinte ordem de prioridade na avaliação das prioridades de manutenção: segurança; serviços essenciais; requisitos legais; segurança; custo inicial; poupança de receitas; disponibilidade de peças sobressalentes; fonte alternativa de abastecimento; tempo de entrega; mão de obra; e relações públicas.

2.11 A MANUTENÇÃO DO SISTEMA DE INFORMAÇÃO NA GESTÃO DA MANUTENÇÃO

A disponibilidade de conhecimentos é crucial para o funcionamento da sociedade, que está envolvida nas actividades diárias de um sistema industrial avançado. Os sistemas de informação relativos à gestão da manutenção implicam a recolha de dados, o tratamento e a comunicação desses dados aos responsáveis pela utilização dos recursos. Na sua forma mais simples, pode significar a conceção de uma pessoa para registar os trabalhos de manutenção de uma associação de habitação (Oyefeko, 2003).

O sistema de informação, tal como descrito por Kochen (1965), planeia o comportamento de uma organização, alertando-a para as mudanças no seu ambiente que sinalizam a necessidade de ação e de controlo da ação para a implementação de um plano. Um sistema de informação só é eficiente e eficaz quando é relevante para a tomada de decisões na gestão de qualquer manutenção de um edifício. Uma vez que a informação é uma necessidade na gestão da manutenção, é desejável conhecer a fonte da informação e a melhor forma de a apresentar à manutenção do edifício. As três razões pelas quais a informação é pertinente na gestão da manutenção de edifícios são a previsão, a comparação e o conhecimento.

A previsão é a recolha de dados para estabelecer a relação causa-efeito (Lee, 1987). A previsão, enquanto instrumento de recolha de informações, deve ter como premissa a utilização da previsão, o momento da previsão, bem como a sua fonte e fiabilidade. Comparação das informações obtidas a partir de fontes internas com as obtidas a partir de fontes externas para medir o desempenho ou como controlo de eficiência.

Os conhecimentos referem-se às informações necessárias para serem utilizadas internamente pela gestão e para completar os documentos contratuais, tais como desenhos, especificações, listas de quantidades, etc. Esta informação deve constituir um conhecimento adicional para o destinatário da atividade de manutenção e deve constituir um conhecimento de base adequado para preencher a lacuna onde essa informação não existia anteriormente. Na gestão da manutenção de um edifício, há dois pontos básicos a considerar: se a quantidade de informação é adequada para um determinado trabalho de manutenção e se a informação disponível é corretamente utilizada.

2.12 APLICAÇÃO DA INFORMÁTICA NOS TRABALHOS DE MANUTENÇÃO

Após a conclusão da inspeção técnica e do relatório de inspeção normalizado, os dados adequados são introduzidos no computador, que pode produzir encomendas detalhadas com base em itens de especificação normalizados. Estas podem ser incorporadas em documentos contratuais, se necessário. O computador pode receber, processar e imprimir informações com rapidez e exatidão.

Seeley (1987) apresentou as seguintes vantagens da programação informática

- Reduz os custos de pessoal administrativo e de gestão;
- Reduz os riscos para os seres humanos e aumenta a fiabilidade;
- Proporcionar um controlo do trabalho realizado;
- Permitir a atualização imediata;
- Capaz de se adaptar prontamente a qualquer alteração na construção de um complemento e variação na propriedade;

- Pode fornecer à direção os custos e outros dados de apoio.

Seeley (1987) afirma ainda que, após a receção da informação relevante, o computador pode ser utilizado para efetuar as seguintes operações relacionadas com a redução das ordens de trabalho com rapidez e eficiência.

- Visualização imediata de todos os trabalhos pendentes, em curso, concluídos, para evitar duplicações;
- Fornecimento de pormenores sobre a manutenção cíclica, como a repintura e a instalação de cabos, que possam afetar a resposta;
- Fornecimento de informações sobre registos para identificar tendências no trabalho de manutenção e padrões de falhas;
- Identificação e organização das tarefas que requerem pré-inspeção e marcação, para validar a exatidão das descrições originais do trabalho;
- Elaboração de ordens de serviço com descrições completas das necessidades e códigos de base pré-determinados e acessíveis pela tabela de preços;
- Atualização automática dos registos das despesas autorizadas para ajudar no controlo dos custos orçamentais.

2.13 FEEDBACK SOBRE A MANUTENÇÃO

Nunca é demais sublinhar a importância do feedback como parte essencial de qualquer administração de manutenção. Os erros de uma conceção que está sujeita a repetição numa fase posterior podem ser evitados se o projetista estiver consciente desta lacuna. Duas formas de injeção de feedback num sistema são:

i. Diretamente à equipa de conceção; especialmente informações relativas a falhas de conceção. Defeitos de fabrico e falhas de material

ii. Através de uma discussão geral no seio da equipa de manutenção, quando as soluções para os problemas devem ser documentadas e transmitidas a todo o pessoal adequado

Uma representação visual do feedback que mostra as principais fases do funcionamento do sistema de manutenção, nomeadamente;

Organização da gestão dos recursos

Execução do trabalho

Apreciação dos resultados

- A ação corretiva através de feedback para a conceção e gestão é ilustrada na Figura 2.

Feedback na supervisão da manutenção

COMECE AQUI

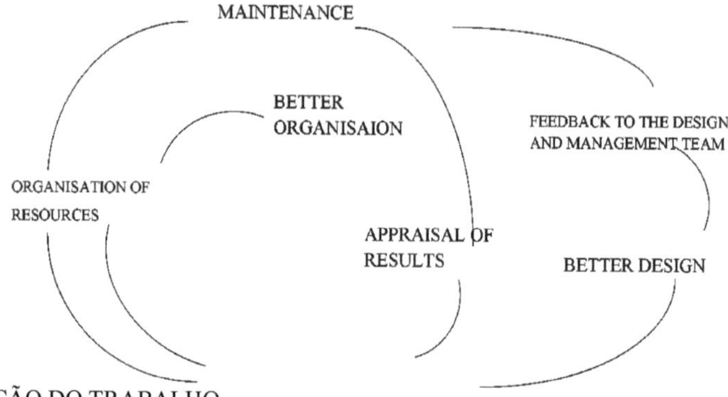

Figura 2: Feedback na supervisão da manutenção (Seeley, 1987) Os seguintes benefícios podem ser derivados da informação de feedback.

i. O projetista pode utilizar essa informação na sua futura conceção, eliminando os materiais menos duráveis e mantendo os duráveis.

ii. O cliente pode utilizar a informação sobre o desempenho para avaliar o custo de funcionamento do seu edifício e antecipar o custo provável da manutenção.

iii. O empreiteiro poderá verificar se a deterioração do edifício se deve ou não a um erro do seu método de construção.

iv. Os fabricantes de componentes podem testar a durabilidade dos seus produtos na prática.

v. O responsável pela obra pode utilizar essas informações para melhorar o controlo de qualidade e verificar as especificações durante a supervisão do local.

2.14 EXECUÇÃO DE TRABALHOS DE MANUTENÇÃO

O trabalho de manutenção pode ser realizado por empreiteiros, organizações de trabalho direto ou uma combinação de ambos os sistemas. As forças de trabalho direto estão bem posicionadas para lidar com reparações de emergência em grandes edifícios comerciais e públicos, enquanto os pequenos empreiteiros podem prestar um bom serviço aos proprietários.

O custo da mão de obra diretamente empregada é constituído por salários e materiais; bens consumíveis; despesas gerais administrativas, tais como custos de mão de obra e despesas de escritório, de deslocação e de supervisão associadas; e custos de depósitos. O custo da contratação de um empreiteiro consiste nos encargos do empreiteiro e nas despesas gerais administrativas, tais como o convite à apresentação de propostas, a elaboração de contratos, a supervisão do trabalho e a verificação das facturas. De acordo com Seeley (1987), a utilização de mão de obra direta apresenta as seguintes vantagens

- Permite o controlo total das actividades dos operadores.
- Assegura um bom nível de qualidade do trabalho dos operários.
- Existe um complemento normalizado da mão de obra disponível.
- O gestor de manutenção pode introduzir e aplicar regimes de incentivos, com o consequente aumento da produtividade.
- É particularmente adequado para a execução de reparações de emergência, uma vez que a mão de obra está familiarizada com a localização de torneiras, interruptores, câmaras de visita e afins, para os serviços operacionais e para os serviços que requerem a formação de trabalhadores para uma determinada competência.

O empreiteiro desempenha um papel importante nos trabalhos de manutenção, tanto no que se refere à reparação de um edifício como às obras de maior duração. O sucesso depende de especificações exactas e bem detalhadas e de uma supervisão rigorosa. Os empreiteiros especiais são indispensáveis para a manutenção dos elevadores e de outras instalações sofisticadas e para os trabalhos especializados, como o asfalto e o terraço (Speight in Seeley, 1987).

Seria preferível limitar a mão de obra direta a pouco mais do que a manutenção de emergência e programada e recorrer a contratantes para trabalhos sazonais, importantes e especializados. Em geral, os empreiteiros precisam de serviços a longo prazo em condições vantajosas.

2.15 FACTORES QUE DETERMINAM AS NORMAS DE MANUTENÇÃO

Três factores básicos podem determinar as razões para expandir os trabalhos de manutenção num edifício: a satisfação das necessidades dos utilizadores, a consideração do valor e as restrições legais.

2.15.1 Satisfação das necessidades dos utilizadores

Satisfazendo o utilizador em termos das suas necessidades, que é a capacidade de um edifício fornecer abrigo contra as intempéries externas e também combinar meios naturais e artificiais, ou seja, luz e ar, para total conveniência do utilizador. Existe assim uma interação contínua entre o tecido do edifício e o serviço de regulação do ambiente interno do edifício (Lee, 1987).

Ao distinguir o nível de manutenção aceitável, Stevens (1973) chama a atenção para a dificuldade de tomar decisões racionais sobre os níveis adequados de despesas de manutenção. E que a avaliação das condições do edifício deve ser feita numa base numérica e dividida em cinco classes que vão de muito bom a perigoso.

2.15.2 Consideração de valor

O valor de um edifício é determinado pela procura dos serviços que oferece em conjunto com outros factores de produção. Quando não há procura de um edifício, este não tem valor para ser mantido e nem o custo inicial nem o padrão de manutenção têm qualquer significado económico. No entanto, se a falta de procura for temporária e as despesas de manutenção puderem ser relacionadas com o retorno futuro antecipado descontado para o valor atual. Também se parte do pressuposto de que existe uma relação incremental entre as despesas de manutenção e o valor derivado das despesas e que cada incremento adicional nas despesas de manutenção produz um aumento progressivamente menor no valor do edifício (Lee, 1987).

2.15.3 Restrições estatutárias

Existem alguns regulamentos estatutários escassos sobre a manutenção de edifícios na Nigéria, por exemplo, a Lei do Seguro de Propriedade, no entanto, o Regulamento de Construção Britânico de 1972, tal como adotado pelo Instituto Nigeriano de

A norma especifica os trabalhos de manutenção em caso de alteração material da utilização.

2.16 SEGUROS NA GESTÃO DA MANUTENÇÃO DOS EDIFÍCIOS

Vale a pena estabelecer uma relação entre o seguro e o edifício, na medida em que este está relacionado com a avaria imprevista de componentes do edifício, especialmente os aspectos mecânicos do edifício, como os elevadores, os sistemas de ar condicionado, etc. Atualmente, estão disponíveis novos contratos de seguro para avarias mecânicas, que prolongam a garantia dos custos de peças e mão de obra por três a cinco anos para os novos equipamentos, tal como referido pelo American Journal of Insurance (1972)

A compreensão do risco é a base do seguro, pelo que o seguro começa com o conceito de risco. O risco é uma coisa quotidiana para todas as pessoas, empresas ou organizações. O risco tem a ver com a incerteza de perder ou não ganhar algo de valor, segundo David (1979), porque ninguém atinge o estado de certeza absoluta desde o momento do nascimento até ao fim da vida. Cada indivíduo enfrenta constantemente a possibilidade de acontecimentos inesperados e indesejados.

Com efeito, qualquer pessoa que possua um bem imóvel assume automaticamente o risco de perigos como o incêndio, o vento, o roubo ou a avaria de certas partes do imóvel que os proprietários exigem com a sua propriedade.

2.16.1 Relação entre a manutenção do edifício e os riscos e prejuízos seguráveis

Um risco é considerado segurável quando pode satisfazer substancialmente os requisitos como a importância, a natureza acidental, a calculabilidade, a definição da perda e a perda não exclusivamente catastrófica.

Muitos riscos não satisfazem perfeitamente cada um dos requisitos acima referidos, mas, quando considerados no seu conjunto, podem satisfazer os requisitos de forma adequada. Uma perda económica é o resultado indesejável do risco. É a diminuição ou o desaparecimento de um valor, geralmente de forma previsível ou imprevisível. Em termos gerais, nem todas as perdas seguráveis estão relacionadas com o risco, algumas perdas são o resultado de acções intencionais, por exemplo, a doação de bens a alguém. Outras perdas podem ser esperadas porque se sabe que ocorrem sempre, como a depreciação de bens físicos. Se se restringir o risco e a perda em relação ao seguro à fachada da manutenção do edifício, pode considerar-se que os requisitos para o risco segurável não são tão perfeitos, mas são apenas riscos relativamente bons (por exemplo, a importância do edifício, a possibilidade de calcular a depreciação do edifício resultante da falta de manutenção). E alguns são exemplos de maus riscos (por exemplo, o risco acidental).

Existem alguns pacotes de seguros para proprietários de edifícios, para além do seguro geral contra incêndios, que são vitais para os edifícios na Nigéria, especialmente no que diz respeito à manutenção dos edifícios. Alguns destes pacotes de seguros, que se enquadram nos ramos especiais e conexos contra incêndios, incluem o seguro contra fugas de sprinklers, que é o seguro contra danos causados pela água. Existe também um seguro de perdas diretas que não é diretamente atribuído a danos ou perdas por incêndio, mas a perdas resultantes de flutuações de fontes externas de eletricidade.

2.16.2 Linhas de fogo especiais e aliadas

Vários riscos e perdas estão tão intimamente associados à atividade de incêndio que a inclusão dos ramos no domínio geral do seguro de incêndio era lógica, ou seja, o seguro de fugas por aspersão.

2.16.3 Seguro contra fugas de sprinklers

O sistema automático de aspersão é um dispositivo concebido para fazer do fogo, ele próprio, uma proteção. Um edifício protegido por um sistema de aspersão é normalmente canalizado em toda a sua extensão e, a determinados intervalos, são colocadas "cabeças". Estas "cabeças" abrem-se quando a temperatura sobe até um ponto pré-determinado; assim, quando ocorre um incêndio nas proximidades de uma cabeça de aspersão, a cabeça abre-se e a água é libertada sobre o incêndio. Os danos causados pela abertura de uma cabeça de aspersão para extinguir um incêndio acidental e hostil estão cobertos pela apólice de incêndio.

No entanto, acontece ocasionalmente que a água seja descarregada do sistema de aspersão quando não há incêndio. A apólice de incêndio não cobre os danos; o contrato de fuga do sistema de aspersão prevê uma indemnização por perdas ou danos materiais diretos causados pela descarga ou fuga de água ou de outras substâncias do sistema de aspersão. A apólice de proteção contra aspersão pode ser subscrita para cobrir o edifício ou o seu conteúdo, ou ambos. Os danos causados pelo desmoronamento ou queda de reservatórios que fazem parte do sistema de aspersão constituem uma cobertura muito importante, uma vez que os reservatórios de água situados nos telhados e nos topos dos edifícios podem causar perdas terríveis quando o suporte desmorona.

2.16.4 Seguros contra danos causados por água

A apólice relativa a fugas de sprinklers exclui a responsabilidade por danos causados pela água, exceto no caso de fugas de água no interior do sistema de sprinklers. A apólice cobre integralmente os danos causados pela descarga acidental, fuga ou transbordo de água, proveniente dos sistemas de canalização, reservatórios, sistemas de aquecimento, reservatórios elevados e cilindros, tubos de suporte para mangueiras de incêndio, aparelhos industriais e domésticos, sistemas de refrigeração e de ar condicionado. A apólice cobre igualmente as perdas ou danos causados por chuva ou neve que entrem diretamente no interior do edifício através de telhados, coberturas ou baixadas defeituosas ou por janelas, travessas, ventiladores ou claraboias abertas ou defeituosas.

2.16.5 Seguro de perdas indirectas

Esta cobertura destina-se a cobrir as perdas atribuídas à interrupção do fornecimento de eletricidade, calor, gás, água ou outra energia, cuja fonte pode ser pública ou privada. A cobertura aplica-se aos serviços de utilidade pública recebidos do exterior das instalações do segurado. Protege o segurado contra a interrupção do fornecimento de eletricidade, luz ou outros serviços públicos devido a danos na fonte de abastecimento. As interrupções devidas às linhas de transporte podem igualmente ser cobertas, bem como os danos materiais na central de produção.

2.17 O PAPEL DO CONSTRUTOR NA GESTÃO DA MANUTENÇÃO DOS EDIFÍCIOS

Pela sua formação, o construtor possui as competências de gestão e a experiência necessárias para conceber uma política e um manual eficazes para a sua organização ou para qualquer outra. Com base na política de manutenção de uma organização, os serviços que seriam prestados por um técnico interno ou consultor e construtor a essa organização, de acordo com Ogunbiyi (2003), incluem

a. Formular (juntamente com a direção, uma política de manutenção adaptada às necessidades da organização).

b. Preparar o manual de manutenção.

c. Desenvolver e executar um sistema de manutenção planeada para evitar a falha prematura de uma parte do edifício.

d. Permitir a elaboração de relatórios fáceis e completos e a identificação das obras de reparação e substituição necessárias.

e. Preparar estimativas e orçamentos exactos para garantir soluções competitivas e eficazes para os problemas de manutenção identificados.

f. Programar todos os trabalhos planeados e atribuir os recursos necessários, incluindo os requisitos de mão de obra, para cumprir as reparações programadas e não programadas.

g. Manter um armazém de manutenção ou uma oficina bem abastecida para dar resposta a necessidades pontuais.

h. Acompanhar e coordenar o progresso do trabalho em todos os projectos de manutenção.

i. Manter uma base de dados histórica completa relativa a cada edifício ou instalação, incluindo vários componentes e outros equipamentos.

j. Atualizar continuamente as informações sobre as diferentes formas de resolver os problemas de manutenção com base na experiência adquirida ao longo de um determinado período.

k. Apresentar relatórios periódicos sobre os trabalhos de manutenção efectuados, que poderão servir de referência para a manutenção futura de partes do edifício.

CAPÍTULO 3

METODOLOGIA

3.1 INTRODUÇÃO

A abordagem adoptada para a recolha de dados para esta investigação foi apresentada neste capítulo. A metodologia, de acordo com Abarry (1986), "é definida como o quadro concetual básico em que se baseia toda a investigação". Osuala (1993) definiu a investigação como sendo simplesmente o processo de chegar a soluções fiáveis para os problemas através da recolha, análise e interpretação planeadas e sistemáticas dos dados. Shokan (1991) definiu a investigação como a recolha, o registo, a análise e a interpretação sistemáticos, lógicos, intencionais, coerentes e objectivos de dados relativos a uma dada situação ou a um fenómeno para o desenvolvimento de generalizações, princípios ou teorias.

3.2 MÉTODO DE RECOLHA DE DADOS

Na recolha de dados para esta investigação, foram utilizados três métodos: questionários, entrevistas orais e métodos de observação.

3.2.1 Questionário

O questionário foi concebido para recolher dados sobre as políticas de manutenção dos edifícios das instituições financeiras. Os questionários foram aplicados e cuidadosamente revistos. Foram recolhidas as respostas dos questionários aplicados às várias instituições financeiras.

O questionário procurou conhecer, entre outros, os dados pessoais dos inquiridos, os vários tipos de instituições financeiras e o seu número, o método de aquisição das suas propriedades, o estado operacional (função - condição física) do seu edifício, a disponibilidade de uma política de manutenção, a utilização de estratégias de gestão da manutenção e a priorização das suas necessidades de gestão da manutenção das instituições financeiras.

As estratégias de manutenção examinadas incluem a disponibilidade e o tipo de política de manutenção utilizada, a utilização de um livro de registo e de um manual de manutenção para orientar os operadores e o tipo de sistema de manutenção, ou seja, funcionamento até à falha, baseado na condição, preventivo ou a combinação dos sistemas supramencionados. A composição da mão de obra (operários/executivos) do seu trabalho de manutenção, quer seja pessoal interno, subcontratado ou ambos. Outras áreas são o tempo em que o trabalho de manutenção é executado nos componentes do edifício, a adequação do pessoal de manutenção com as suas qualificações e a suficiência dos artesãos de manutenção.

Foi também examinada a inspeção dos principais elementos do edifício e se existem políticas ou orientações para a inspeção desses elementos. Foi igualmente examinada a utilização de computadores para o seu sistema de gestão da manutenção. Além disso, foram obtidos dados sobre o desempenho através da implementação da política de manutenção dos edifícios das várias instituições financeiras e dados que relacionam a manutenção com a cobertura do seguro.

Foi efectuada uma entrevista oral para confirmar as respostas dos questionários devolvidos e reforçar os dados obtidos. A observação de vários edifícios de instituições financeiras, tanto a nível externo como interno, confirmou as respostas do questionário e da entrevista oral.

3.2.2 Entrevista oral

Foram realizados esclarecimentos orais com os inquiridos do questionário administrado para servir de complemento aos questionários.

3.2.3 Observação

A ciência começa com a observação para a sua validação final e é um meio direto de estudar o comportamento evidente das pessoas e das coisas no seu ambiente (Hoode e Hatt, 1952). Os métodos de observação foram utilizados para confirmar em parte as respostas obtidas nos questionários e nas entrevistas orais.

3.3 ÁREA DE ESTUDO

Os domínios abrangidos por esta investigação para a recolha de dados e informações são agrupados em dois:

Grupo A: As instituições financeiras bancárias (IFB) que são codificadas com o capital A-T, como indicado a seguir:

- O Banco Central da Nigéria (CBN) - A
- Banco Federal Hipotecário da Nigéria (FMBN) - B
- Banco de Desenvolvimento Agrícola e Rural (NARDB) - C
- Banco de Acesso - D
- Banco PHB - E
- Eco Bank - F
- Equitorial Trust Bank (ETB) - G
- Banco Fidelidade - H
- First Bank - I
- First Inland Bank - J
- Guaranty Trust Bank - K
- Banco Intercontinental - L
- Banco Oceânico - M
- Banco da primavera - N
- Sterling Bank - O
- Union Bank - P
- United Bank for Africa (UBA) - Q

- Banco Unity - R
- Banco Wema - S
- Banco Zenith - T

Grupo B: As instituições financeiras não bancárias (IFNB), representadas pelas letras a-h, incluem:

- Nicon Insurance plc. - a
- Leadway Pensure Ltd. - b
- Union Assurance Co. Ltd. - c
- Cash Craft Asset Management Co. Ltd. - d
- Torontoroma Bureau De Change Co. Ltd. - e
- Rahamas Nigéria Ltd. - f
- Standard Alliance Insurance Plc. - g
- FUG Pensions Ltd. - h

3.4 TÉCNICAS DE AMOSTRAGEM

Os dados para a investigação foram recolhidos a partir de uma amostra da população que constituía a área de estudo. Para o efeito, foi utilizada a técnica de amostragem estatística estratificada. Isto está de acordo com o rácio das instituições financeiras disponíveis na Nigéria, sendo que o banco de depósitos tem o maior número de agências e investe mais em construção do que os outros. Foram enviados questionários a um total de quarenta (40) organizações, das quais vinte e oito responderam e os dados recolhidos foram utilizados para análise.

3.5 MÉTODOS DE ANÁLISE DE DADOS

Kerlinger (1973) afirma que a análise significa a categorização, a ordenação, a manipulação e o resumo dos dados para obter respostas às questões de investigação.

3.5.1 Percentagem simples

A técnica utilizada para analisar os dados da parte A foi a da percentagem simples. Esta técnica é simples de utilizar e não implica cálculos matemáticos complexos. Os dados com a resposta mais elevada podem ser facilmente deduzidos a partir desta técnica. O cálculo foi assim efectuado:

Número de inquiridosx <u>100</u>

Número total de inquiridos

3.5.2 Coeficiente de correlação

A correlação é uma técnica estatística para estabelecer a extensão de uma relação ou associação entre duas ou mais variáveis. Quando se regista uma alteração numa variável em comparação com as outras variáveis, diz-se que estas estão relacionadas, dependentes ou correlacionadas. A extensão da relação entre duas variáveis é geralmente expressa sob a forma de um coeficiente denominado coeficiente de correlação.

O coeficiente de correlação revela tanto a magnitude como a direção da relação entre as variáveis. Pode, portanto, ser elevado ou baixo, um coeficiente negativo indica um elevado grau de relação e vice-versa. Um coeficiente de correlação positivo indica uma relação, enquanto um coeficiente negativo indica o inverso direto da relação. Um coeficiente de correlação nulo significa que não existe qualquer relação entre as variáveis. O coeficiente de correlação varia entre -1 e + 1. O coeficiente de correlação utilizado aqui é o coeficiente de correlação produto-momento de Pearson, que é definido como

Em que X $-x$ (média da disponibilidade da política de manutenção e da política e aplicação)

Y = Y - Y (média do orçamento, da execução orçamental e do desempenho)

O coeficiente de correlação é utilizado no estudo para testar a relação significativa que existe entre boas políticas de manutenção e o desempenho da gestão da manutenção dos edifícios das instituições financeiras na Nigéria.

3.5.3 Teste de significância.

A significância do coeficiente de correlação é testada por

$$T = \frac{I\, r}{\sqrt{(1-r^2)/(n-2)}}$$

CAPÍTULO 4

APRESENTAÇÃO, ANÁLISE E DISCUSSÃO DOS DADOS

4.1 INTRODUÇÃO

Este capítulo trata da apresentação e da análise dos dados recolhidos junto dos sujeitos da investigação. Os dados são tabulados, indicando o item, a resposta e a percentagem. Por baixo de cada quadro são feitos comentários para o explicar. Os dados foram extraídos dos questionários e das entrevistas orais com os representantes de várias organizações e através da observação. Pela natureza das respostas, foi possível obter informações adequadas a partir da análise do questionário.

4.2 PARTE A: APRESENTAÇÃO E ANÁLISE DOS DADOS QUESTIONÁRIO

Os inquiridos para este trabalho de investigação são profissionais de várias disciplinas que trabalham em instituições financeiras localizadas em Maiduguri, Jos e Abuja. Ocupam diferentes cargos nas suas várias organizações, desde assistentes bancários, estagiários executivos, funcionários de relações públicas e gestores de sucursais a gestores de área. As suas qualificações académicas variam entre HND, B.Sc., MBA e M.Sc. A maioria está registada no organismo profissional adequado.

4.2.1 APRESENTAÇÃO DOS DADOS

O quadro 3 mostra o tipo de organização a que foram administrados questionários, o número total de questionários administrados, o número de questionários respondidos e devolvidos e o número de questionários não devolvidos.

Quadro 3: Tipo de instituição financeira

Organização	Número de questionários administrados	Número de Questionários devolvidos	Número de questionários não devolvidos
CBN	1	1	-
Bancos de desenvolvimento	3	2	1
Bancos de Depósitos	21	17	4
Casas de desconto	-	-	-
Companhia de seguros	5	3	2
Bolsa de Valores	1	-	1
Administrador do Fundo de Pensões	4	2	2
Empresa de corretagem de acções	3	2	1
Casa de câmbio	2	1	1
Total	40	28 (70%)	12 (30%)

A partir da Tabela 3, um total de 40 organizações foram notificadas com um questionário, 28 responderam e 12 não responderam. As organizações que responderam consistiam em 20 instituições financeiras bancárias, incluindo a CBN, 2 bancos de desenvolvimento e 17 bancos de depósitos, e 8 instituições financeiras não bancárias, incluindo 3 companhias de seguros, 2 administradores de fundos de pensões, 2 empresas de corretagem de acções e 1 agência de câmbio.

O quadro 4 apresenta o número dos diferentes tipos de instituições financeiras.

Quadro 4: Número de sucursais

Organização	N.º de sucursais
CBN	28
Bancos de desenvolvimento	60
Bancos de Depósitos	Mais de 3.342
Casa com desconto	-
Companhia de seguros	72
Corretagem de acções	23
Casa de câmbio	3
Administrador do Fundo de Pensões	61
	Mais de 3.594

A maioria das organizações que responderam afirma ser proprietária de 80% dos seus edifícios e ter adquirido 20% através de aluguer e leasing. Muito poucas são proprietárias de todos os seus edifícios e poucas são as que os adquiriram apenas através de aluguer e leasing.

Os trabalhos de manutenção nas instituições financeiras são gerados pela pressão resultante das actividades quotidianas dos clientes e do pessoal, da degeneração devida ao tempo, que conduz a fugas nos telhados, à remoção de azulejos, ao desgaste do terraço, etc. A renovação e a reestruturação são efectuadas para satisfazer o gosto da organização em aumentar a confiança dos clientes e em competir favoravelmente com as suas congéneres.

Quadro 5: Disponibilidade do serviço de manutenção

Grupo	Sim	Não	Total
A. Instituições financeiras bancárias	20 (71.4%)	-	20 (71.4%)
B. Instituições financeiras não bancárias	5 (17.9%)	3 (10.7%)	8 (28.6%)
Total	**25 (89.3%)**	**3 (10.7%)**	**28 (100%)**

A Tabela 5 indica que a população estudada, composta por 71,4% de IFB e 17,9% de IFNB, tem um departamento de manutenção, enquanto 10,7% não têm departamento de manutenção, mas operam sob o departamento de administração geral.

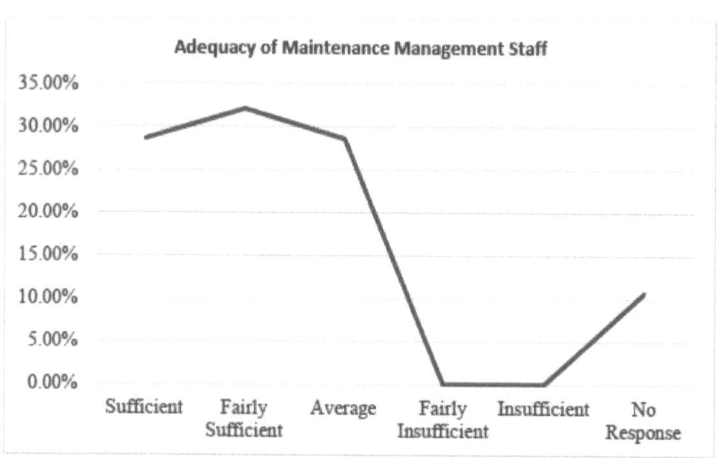

Figura 3: Adequação do pessoal de gestão da manutenção

De acordo com a Figura 3, 28,6% das organizações do grupo A têm um número suficiente de pessoal de gestão da manutenção, 32,1% das organizações têm pessoal bastante suficiente e 28,6% têm um número médio de pessoal. 10,7% da população não deu qualquer resposta sobre a adequação do seu pessoal de gestão da manutenção.

Quadro 6: Efectivos do departamento de manutenção

Pessoal de gestão	Grupo A (BFI)	Grupo B (NBFI)	Total
1-10	-	5 (17.9%)	5 (17.9%)
11-20	-	-	-
21-30	-	3 (10.7%)	3 (10.7%)
30-40	2 (7.1%)	-	2 (7.1%)
40 e mais	18 (64.3%)	-	18 (64.3%)
Total	20 (71.4%)	8 (28.6%)	28 (100%)

De acordo com o Quadro 6, o Grupo B (IFNB) tem 17,9% de efectivos entre 1 e 10 e 10,7 entre 21 e 30. 7,1% das organizações do Grupo A têm um número de efectivos entre 31-40, enquanto 64,3% do Grupo A (IFNB) têm um número de efectivos superior a 40.

Quadro 7: Centralização do serviço de manutenção

Organizações	Sim	Não.	Total
Grupo A (IFB)	20 (71.4%)	-	20 (71.4%)
Grupo B (NBFIs)	5 (17.8%)	3 (10.7%)	8 (28.6%)
Total	25 (89.3%)	3 (10.7%)	28 (100%)

A Tabela 7 mostra que 89,3% das organizações, incluindo 71,4% das IFB e 17,8% das IFNB, têm um departamento de manutenção centralizado, enquanto 10,7% não têm departamento de manutenção. Utilizando o teste t para a amostra na tabela 7, temos t-Stat = 0,598, t-Critical1 = 6,31, t-Critical2 = 12,70. Uma vez que o t-Critical é superior ao t-Stat, concluímos que não existe uma diferença significativa entre A e B.

Quadro 8: Estrutura de gestão da manutenção

Organizações	Composição da mão de obra Pessoal interno	Subcontratados
Grupo A (IFB)	12 (42.9%)	8 (28.6%)
Grupo B (NBFIs)	3 (10.7%)	5 (17.8%)
Total	**15 (53.6%)**	**13 (46.4%)**

A partir da Tabela 8, 53,6% das organizações operam estruturas de gestão de manutenção interna, compreendendo 42,9% BFIs e 10,7% NBFIs, enquanto 46,4% das organizações, consistindo de 28,6% BFIs e 17,8% NBFIs usam terceirização com o membro de seu departamento de manutenção desempenhando funções de supervisão. t-Test mostra que não há diferença significativa entre a estrutura de gestão de manutenção dos dois grupos desde 0,211 < 6,31, ou seja, t-Stat é < t-Critical.

Para as organizações que têm departamentos de manutenção. É maioritariamente dirigido por Engenheiros Civis, Arquitectos e outros profissionais do sector da construção civil, o que torna a gestão do departamento muito eficaz.

Quadro 9: Disponibilidade da política de manutenção

Organização	Resposta Sim	Não
Grupo A (IFB)	20 (71.4%)	-
Grupo B (IFM)	8 (28.6%)	-
Total	**28 (100%)**	-

Todas as organizações visitadas dispõem de políticas de manutenção. Isto explica o desempenho satisfatório da gestão da manutenção registado pelas várias organizações. O resultado do teste t no Quadro 9 é o seguinte: t-Stat =2,34, t-Critical1 = 6,31, t-Critical2 = 12,71. Por conseguinte, uma vez que t-Critical é superior a t-Stat, não existe diferença significativa entre o Grupo A e o Grupo B, no que respeita à existência de uma política de manutenção.

O resumo das políticas de manutenção, tal como é apresentado por algumas instituições financeiras, inclui o seguinte: a realização de um processo de práticas de manutenção; a realização de inspecções periódicas ao edifício para deteção precoce de falhas ou defeitos; o trabalho de manutenção deve ser realizado por profissionais competentes e experientes, sempre que necessário; como parte da política de algumas organizações, a renovação interna do edifício deve ser realizada de três em três anos e a renovação externa deve ser realizada de cinco em cinco anos; algumas das políticas de manutenção da organização afirmam que o edifício da organização deve ter as mesmas caraterísticas até ao ano 2010, o que exige a renovação e a reestruturação de edifícios antigos.

Quase todas as organizações estão satisfeitas com a adequação da sua política de manutenção para conseguir uma gestão viável da manutenção dos edifícios. Muito poucas empresas se queixaram da inadequação da sua gestão da manutenção, que é demasiado centralizada.

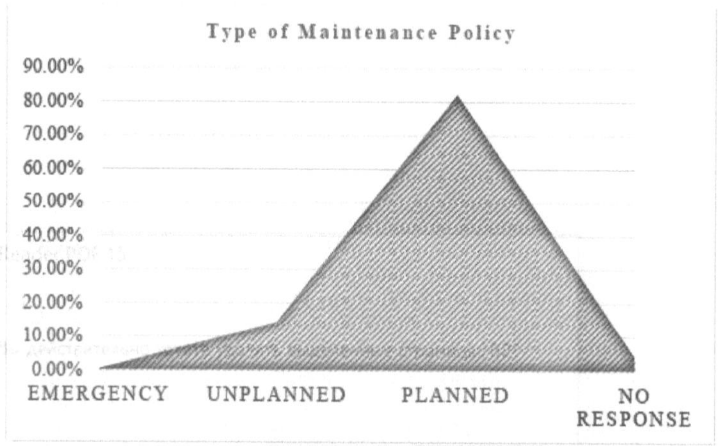

Figura 4: Tipo de política de manutenção

A partir da Figura 4, 14,2% das organizações utilizaram uma política de manutenção não planeada, 82,1% utilizaram uma política de manutenção planeada, enquanto 3,6% das organizações não deram qualquer resposta sobre os tipos de política de manutenção utilizados. O resultado do teste t para as amostras da Figura 4 mostra que t-Stat = 0,57. t-Critical1 = 2,35, t-Critical2 = 3,18 e, uma vez que t-Stat é inferior a t-Critical, não existem diferenças significativas entre os tipos de política de manutenção dos dois grupos.

Quadro 10: Orçamento anual total

Orçamento anual	Grupo A (IFB)	Grupo b (NBFIs)	Total
N1000-5,000,000	1 (3.6%)	6 (21.4%)	7 (25%)
N 5,000,000-10,000,000	-	-	-
N 10,000,000-15,000,000	-	-	-
N 15,000,000-20,000,000	-	-	-
N 20.000.001 e superior	19 (67.9%)	2 (7.1%)	21 (75%)
Total	20 (71.4%)	8 (28.6%)	28 (100%)

A Tabela 10 mostra que 25% das organizações têm um orçamento anual total entre N1000 e N5.000.000, enquanto 75% das organizações têm um orçamento anual total superior a N20.000.000.

Quadro 11 : Apoio médio de tesouraria ao orçamento

Apoio em dinheiro	Grupo A (IFB)	Grupo B (NBFIs)	Total
1-20%	-	-	-
21-40%	1 (3.6%)	2 (7.1%)	3 (10.7%)

41-60%	7 (25%)	4 (14.2%)	11 (39.3%)
61-80%	11 (39%)	2 (7.1%)	13 (46.4%)
81-100%	1 (3.6%)	-	1 (3.6%)
Total	**20 (71.4%)**	**8 (28.6%)**	**28 (100%)**

De acordo com o quadro 11, 10,7% das organizações têm um apoio de tesouraria ao seu orçamento entre 21-40%, 39,3% entre 31-60% e 46,4% têm um máximo de 80% de apoio de tesouraria. 3,6% das organizações têm um apoio de tesouraria entre 81% e 100%.

Figura 5: Qual o grau de sintonia entre o orçamento anual e a política da organização

A Figura 5 indica que 3,6% das organizações têm um orçamento que está muito em sintonia com a política de manutenção da organização, 85,7% têm-no em sintonia, 7,1% têm o seu orçamento anual menos em sintonia com a política de manutenção da organização, enquanto 3,6% não deram qualquer resposta.

Quadro 12: Percentagem de satisfação do orçamento relativo à média dos trabalhos de manutenção

Percentagem Satisfação	Grupo A (IFB)	Grupo B (NBFIs)	Total
1-20%	-	-	-
21-40%	-	1 (3.6%)	1 (3.6%)
41-60%	6 (21.4%)	3 (10.7%)	9 (32.1%)
61-80%	14 (50%)	4 (14.3%)	18 (64.3%)
81-1000%	-	-	-
Total	**20 (71.4%)**	**8 (28.6%)**	**28 (100%)**

A percentagem de satisfação é o orçamento sobre a média dos trabalhos de manutenção, como se pode ver no Quadro 12, que mostra que 3,6% das organizações têm uma percentagem de satisfação entre 21-40%, 32,1% das organizações têm uma percentagem de satisfação entre 41-60%, enquanto 64,3% das organizações têm uma percentagem de satisfação entre 61-80%. Os números acima mostram que a percentagem de satisfação é, em média, superior a 65%.

Várias organizações utilizam palavras diferentes para classificar o desempenho do seu departamento de manutenção, como se segue: Elevado, Ótimo, Bom, satisfatório, adequado, medianamente bom, etc. Isto indica que nem todos estão a ter um mau desempenho

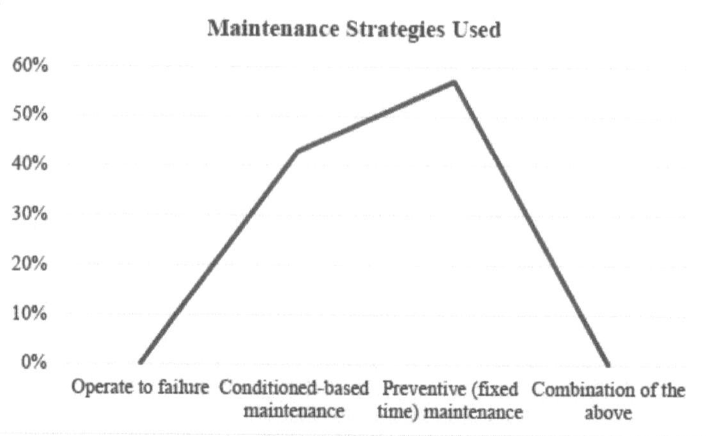

Figura 6: Estratégias de manutenção utilizadas

O inquérito revelou que a maioria das organizações utiliza dois tipos de estratégias de manutenção. 42,9% das organizações utilizam uma estratégia de manutenção condicionada - substituem peças ou materiais de construção quando há uma indicação clara da ocorrência de uma avaria. 57,1% das organizações utilizam estratégias de manutenção preventiva (tempo fixo). Os seguintes resultados foram obtidos a partir do teste t: t-Stat = 0,80, t-Critical1 = 2,02, t-Critical2 = 2,57; não existe diferença significativa entre os vários tipos de estratégias de manutenção utilizadas, uma vez que os t-críticos são superiores ao t-stat.

Quadro 13: Utilização do diário de ou Registo de controlos regulares

Organização	Sim	Não	Sem resposta
Grupo A (IFB)	13 (46.4%)	2 (7.1%)	5 (17.9%)
Grupo B	2 (7.1%)	5 (17.9%)	1 (3.6%)
Total	15 (53.6%)	7 (25%)	6 (21.4%)

O quadro 13 mostra que 53,6% das organizações utilizam diários de bordo para registar os controlos, 25% não utilizam qualquer diário de bordo, enquanto

21,4% não responderam à questão da utilização de diários de bordo para registar os controlos regulares e os trabalhos de manutenção realizados.

Quadro 14: Utilização do manual de manutenção para orientar os operadores na entrega efectiva de [?] trabalho de manutenção k

Organização	Sim	Não	Sem resposta
Grupo A (IFB)	15 (53.6%)	-	5 (17.9%)
Grupo B (NBFIs)	1 (3.6%)	-	7 (25%)
Total	**16 (57.1%)**	-	**12 (42.9%)**

O quadro 14 mostra que 57,1% das organizações utilizam um manual de manutenção para orientar as suas operações com vista a uma execução eficaz dos trabalhos de manutenção. 42,9% das organizações não têm a certeza de que os seus agentes de manutenção utilizem um manual de manutenção, pelo que não deram qualquer resposta.

Quadro 15: Utilização do computador para as funções de gestão da manutenção

Organização	Sim	Não	Sem resposta
Grupo A (IFB)	16 (57.1%)	2 (7.1%)	2 (7.1%)
Grupo B (NBFIs)	3 (10.7%)	2 (7.1%)	3 (10.7%)
Total	**19 (67.9%)**	**4 (14.2%)**	**5 (17.9%)**

O Quadro 15 indica que 67,9% das organizações utilizam computadores para as suas funções de gestão da manutenção, 14,2% não utilizam computadores para este efeito e 17,9% não responderam.

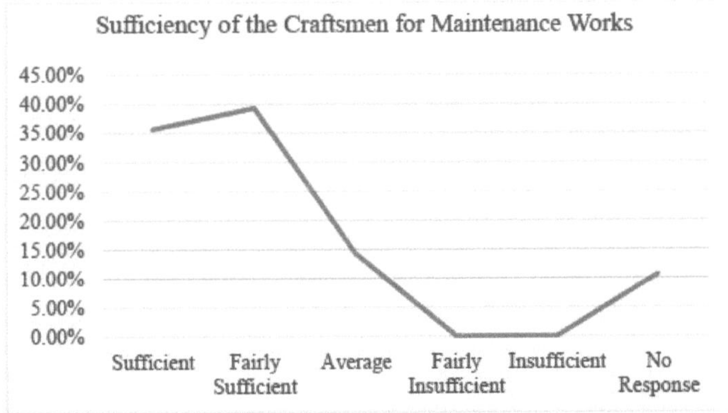

Figura 7: Suficiência dos artesãos para os trabalhos de manutenção

De acordo com a Figura 7, 35,7% dos departamentos de manutenção das organizações têm pessoal suficiente, 39,3% das organizações dos dois grupos têm pessoal bastante suficiente, 14,3% das organizações têm pessoal médio e 10,7% das organizações não responderam.

Quadro 16: Inspeção de manutenção dos elementos do edifício

Artesãos	Grupo A (IFB)	Grupo B (NBFIs)	Total
Uma vez por ano	4 (14.3%)	1 (3.6%)	5 (17.9%)
Duas vezes por ano	7 (25%)	3 (3.6%)	10 (35.7%)
Trimestral	9 (32.1%)	2 (7.1%)	11 (39.3%)
Mensal	-	-	-
Apenas quando existe um defeito	-	2 (7.1%)	2 (7.1%)
Total	20 (71.4%)	8 (28.6%)	28 (100%)

A inspeção dos edifícios para identificar as peças defeituosas é realizada conforme indicado no quadro 16 acima. A maioria das inspecções ao edifício da organização é feita trimestralmente (39,3%), seguida de duas vezes por ano (35,7%). 17,9% das organizações realizam as suas inspecções uma vez por ano e 7,1% das organizações inspeccionam apenas quando há um defeito. Os resultados do teste T para a amostra acima referida são: t-Stat = 1,5,1, t-crítico1 = 2,13, t-crítico2 = 2,78. t-Crítico é superior a t-Stat; por conseguinte, não existe uma diferença significativa entre a inspeção de manutenção dos dois grupos.

Quadro 17: Utilização de materiais especiais na construção para minimizar o nível e o custo da manutenção

Organização	Sim	Não	Sem resposta
Grupo A (IFB)	20 (71.4%)	-	-
Grupo B (NBFIs)	4 (14.3%)	-	3 (143%)
Total	24 (85.7%)	-	4 (14.3%)

De acordo com a Tabela 17, 85,7% das organizações utilizam materiais especiais em termos de qualidade na construção do seu edifício para minimizar os custos de manutenção, enquanto 14,3% das organizações não responderam a esta questão.

Quadro 18: Os materiais utilizados são diferentes dos utilizados noutros edifícios em termos de qualidade?

Organização	Sim	Não	Sem resposta
Grupo A (IFB)	16 (57.1%)	-	4 (14.3%)
Grupo B (NBFIs)	-	2 (7.1%)	6 (21.4%)
Total	16 (57.1%)	2 (7.4%)	10 (35.7%)

O quadro 18 indica que 57,1% das organizações optam pela melhor qualidade dos materiais a utilizar nos seus edifícios, 7,1% optam por qualquer material que satisfaça as suas necessidades dentro do seu orçamento e 35,7% das organizações não deram qualquer resposta.

Ta ble 19: Cumprimento rigoroso das especificações

Organização	Sim	Não	Sem resposta
Grupo A (IFB)	20 (17.4%)	-	-
Grupo B (NBHIS)	8 (28.6%)	-	-
Total	28 (100%)	-	-

A partir do Quadro 19, todas as perguntas concordaram que não comprometem o padrão de material especificado para os seus edifícios. As partes do edifício mais sujeitas a desgaste, segundo as várias organizações, são as portas e os acabamentos das paredes e do chão, devido às actividades dos clientes e do pessoal no edifício, enquanto o telhado e os acabamentos exteriores estão sujeitos aos efeitos das condições meteorológicas externas.

Quanto à forma como a natureza das organizações afecta a manutenção das instalações, foi dada a seguinte resposta: "Os trabalhos de manutenção dos edifícios nas instituições financeiras são geralmente efectuados durante o fim de semana devido à natureza das suas operações. Por vezes, os prazos das obras de manutenção são adiados devido ao funcionamento e, normalmente, é dado um pré-aviso de um mês para a realização de grandes obras de manutenção. Relativamente ao tipo de materiais utilizados como acabamento de paredes, tectos, coberturas e escadas, as respostas foram as seguintes

A maior parte das instituições financeiras utiliza azulejos (cerâmicos e de mármore) como acabamento dos pavimentos. Em alguns edifícios antigos, era utilizado o mosaico, que está a ser gradualmente substituído por azulejos. As tintas textcoat, as tintas brilhantes e os azulejos são alguns dos acabamentos utilizados nas paredes. Os tectos mais utilizados são os tectos falsos perfurados. As telhas de alumínio de grande extensão são o revestimento de telhado em voga, com alguns telhados de betão e telhas metálicas revestidas a zinco em edifícios encomendados. Os acabamentos das escadas são feitos com tintas e vernizes.

As razões apresentadas para a escolha dos materiais utilizados acima são a durabilidade, a facilidade de manutenção e a redução dos custos de manutenção em resultado da qualidade dos materiais (relação custo-eficácia). A maioria das organizações afirma que a dotação orçamental anual média para trabalhos de manutenção é superior a 20 milhões de euros, especialmente as instituições financeiras bancárias, enquanto a maioria das organizações das instituições financeiras não bancárias tem um orçamento anual médio inferior a 20 milhões de euros nos últimos cinco anos.

<u>Quadro 20: Retenção de fundos em relação ao orçamento anual médio nos últimos cinco anos</u>

Apoio em dinheiro	Grupo A (IFB)	Grupo B (NBFIs)	Total
0-20%	-	-	-
21-40%	1 (3.5%)	2 (7.1%)	3 (10.7%)
41-60%	7 (25%)	4 (14.3%)	11 (39.3%)
61-80%	11 (39.3%)	2 (7.1%)	13 (46.4%)
81-100%	1 (3.6%)	-	1 (3.6%)
Total	20 (71.4%)	8 (28.6%)	28 (100%)

De acordo com o quadro 20 acima, a maior percentagem de apoio de tesouraria em relação ao orçamento anual médio de 81-100% foi registada por 3,6% das organizações, 46,4% das organizações registaram um apoio de tesouraria de 61-80%, 39,3% das organizações têm o seu apoio de tesouraria entre 41-60% e, finalmente, 10,7% das organizações registaram um apoio de tesouraria em relação ao orçamento anual médio entre 21-40% nos últimos cinco anos. O resultado estatístico do quadro supra indica t-stat = 1,17, t-Critical1 = 2,13, t-Critical2 = 2,78. Não existe uma diferença significativa entre os dois grupos em termos de apoio de tesouraria em relação ao seu orçamento anual médio nos últimos cinco anos, uma vez que t-Stat é inferior a t-Critical.

Quadro 21: Utilização da apólice de seguro

Organização	Sim	N0	Sem resposta
Grupo A (IFB)	20 (71.4%)	-	-
Grupo B (NBFIs)	8 (28.6%)	-	-
Total	**28 (100%)**	-	-

A Tabela 21 indica que 100% das organizações têm apólices de seguro para os seus edifícios.

Apresenta-se de seguida um resumo das apólices de seguro utilizadas pelas diferentes instituições financeiras: Apólice global de incêndio e roubo, incêndio vento e outras catástrofes naturais, e incêndio e riscos associados.

Os prémios da apólice são pagos anualmente e com regularidade.

Figura 8: O estado operacional (função-condições físicas) dos edifícios das instituições

Da análise da Figura 8, verifica-se que 3,6% das organizações têm um excelente estado de funcionamento do seu edifício, 64,3% têm um Muito Bom estado de funcionamento dos edifícios, e 32,1% têm um Bom estado de funcionamento - tanto funcional como físico dos seus edifícios. O teste t efectuado às amostras da Figura 8 mostra que não existe diferença significativa entre o estado de funcionamento das instituições financeiras dos grupos A e B, uma vez que o t-Stat é inferior ao t-Crítico (1,24 < 2,13).

4.3 PARTE B: Análise utilizando o coeficiente de correlação

Das respostas recolhidas na Parte A deste capítulo, foram extraídos e analisados dados sobre política, orçamento e desempenho, utilizando o coeficiente de correlação. As respostas são classificadas numa escala de 1 a 5 pontos. Os pontos mais elevados são 5 - excelente, 4 - muito bom, 3 - razoável e 1 - mau.

Quadro 22: Política de manutenção e implementação dos edifícios das instituições financeiras na Nigéria

Grupo A: Instituições financeiras bancárias

Organizações	Disponibilida de da apólice	Aplicação da política	Provisão orçamental	Execução orçamental	Desempenho geral
A	3	4	3	4	4
B	3	2	3	3	3
C	2	2	3	3	3
D	3	3	4	4	4
E	3	4	4	3	3
F	3	3	4	3	3
G	4	3	4	4	4
H	3	3	4	2	3
I	4	3	4	4	4
J	3	4	4	4	4
K	4	4	4	4	4
L	3	4	4	3	4
M	4	3	4	4	4
N	3	3	3	3	3
O	4	4	3	4	4
P	4	4	3	4	4
Q	4	4	5	5	4
R	4	4	4	3	4
S	4	4	3	4	4
T	3	3	4	4	4
Σ	69	68	74	72	74
Média	3.45	3.40	3.70	3.6	3.7

Quadro 23: Política de manutenção e aplicação dos vínculos das instituições financeiras na Nigéria.

Grupo B: Instituições financeiras não bancárias

Organizações	Disponibilida de da apólice	Aplicação da política	Provisão orçamental	Execução orçamental	Desempenho geral
A	4	4	4	4	4
B	3	2	3	3	3
C	4	4	4	4	4
D	3	3	4	3	4
E	2	2	3	2	3
F	2	2	2	2	2
G	2	2	3	3	3
H	3	3	4	3	4
Σ	23	22	27	24	27

| Média | 2.88 | 2.75 | 3.38 | 3.00 | 3.38 |

A análise dos dados do Grupo A e B, tal como se mostra nos Quadros 22 e 23, revela que o valor médio da disponibilidade da política de manutenção é de 3,45 para o Grupo A e de 2,88 para o Grupo B. A implementação da política de manutenção é de 3,40 e 2,75, o valor médio da provisão orçamental é de 3,7 e 3,38, o valor médio da implementação orçamental é de 3,6 e 3,00 e o valor médio do desempenho geral é de 3,70 e 3,38, respetivamente.

A classificação acima baseou-se numa escala de cinco pontos, pelo que os dois grupos têm um desempenho impressionante em matéria de gestão da manutenção superior a 65%, tendo as organizações do Grupo A um melhor desempenho do que as do Grupo B.

Quadro 24: Quadro do coeficiente de correlação da política em relação ao desempenho <u>do Grupo A</u>

Organizações	X	Y	X	x^2	y	y^2	Xy
A	4	4	0.55	0.30	0.30	0.09	0.165
B	3	3	-0.45	0.20	-0.70	0.49	0.315
C	2	3	-1.45	0.10	-0.70	0.49	1.015
D	3	4	-0.45	0.20	0.30	0.09	-0.135
E	3	3	-0.45	0.20	-0.70	0.49	0.135
F	3	3	-0.45	0.20	-0.70	0.49	0.135
G	4	4	0.55	0.30	0.30	0.09	0.165
H	3	3	-0.45	0.20	-0.70	0.49	0.135
I	4	4	0.55	0.30	0.30	0.09	0.165
J	3	4	-0.45	0.20	0.30	0.09	-0.135
K	4	4	0.55	0.30	0.30	0.09	0.165
L	3	4	-0.45	0.20	0.30	0.09	0.135
M	4	4	0.55	0.30	0.30	0.09	0.165
N	3	3	-0.45	0.30	-0.7-	0.49	0.315
O	4	4	0.55	0.30	0.30	0.09	0.165
P	4	4	0.55	0.30	0.30	0.09	0.165
Q	4	4	0.55	0.30	0.30	0.09	0.165
R	4	4	0.55	0.30	0.30	0.09	0.165
S	4	4	0.55	0.30	0.30	0.09	0.165
T	3	4	-0.45	0.20	0.30	0.09	-0.135
Σ	69	74	0	7.0	0	4.2	3.70
Média	3.45	3.7	0	0.35	0	0.21	0.185

R = 0.68

Tabela 25: Tabela de coeficiente de correlação Política em relação ao desempenho para

<u>Grupo B</u>

Organizações	X	Y	X	x^2	y	y^2	Xy
A	4	4	1.25	1.266	0.625	0.391	0.703
B	3	3	0.125	0.016	-0.375	0.141	-0.047
C	4	4	1.125	1.1266	0.625	0.391	0.703
D	3	4	0.125	0.016	0.625	0.391	0.078
E	2	3	-0.875	0.766	-0.375	0.141	0.328
F	2	2	0.875	0.766	-1.375	1.891	1.203

	X	Y	X	x²	y	y²	Xy
G	2	3	0.875	0.766	-0.375	0.141	0.328
H	3	4	0.125	0.016	0.625	0.391	0.078
$\sum$	23	27	0	4.878	0	3.878	3.374
Média	2.875	3.375	0	0.610	0	0.485	0.422

$$R = 0.776$$

Quadro 26: Coeficiente de correlação Tabela da política em relação ao coeficiente para os <u>grupos A e B</u>

Organizações	X	Y	X	x²	y	y²	Xy
A	4	4	0.71	0.50	0.39	0.15	0.277
B	3	3	-0.29	0.08	-0.61	0.37	0.177
C	2	3	-1.29	1.66	-0.61	0.37	0.787
D	3	4	-0.29	0.08	0.39	0.15	-0.113
E	3	3	-0.29	0.08	-0.61	0.37	0.177
F	3	3	-0.29	0.08	-0.61	0.37	0.177
G	4	4	0.71	0.50	0.39	0.15	0.277
H	3	3	-0.29	0.08	-0.61	0.37	0.177
I	4	4	0.71	0.50	0.39	0.15	0.277
J	3	4	-0.29	0.08	0.39	0.15	-0.113
K	4	4	0.71	0.50	0.39	0.15	0.277
L	3	4	-0.29	0.08	0.39	0.15	-0.113
M	4	3	0.71	0.50	0.39	0.15	0.277
N	3	4	-0.29	0.08	-0.61	0.37	0.177
O	4	4	+0.71	0.50	0.39	0.15	0.277
P	4	4	0.71	0.50	0.39	0.15	0.277
Q	4	4	0.71	0.50	o.39	0.15	0.277
R	4	4	0.71	0.50	0.39	0.15	0.277
S	4	4	0.71	0.50	0.39	0.15	0.277
T	3	4	-0.29	0.08	0.39	0.15	-0.113
A	4	4	0.71	0.50	0.39	0.15	0.277
B	3	3	-0.29	0.08	-0.661	0.37	0.177
C	4	4	0.71	0.50	0.39	0.05	0.277
D	3	4	-0.29	0.08	0.39	0.15	-0.113
E	2	3	-1.29	1.66	-0.61	0.37	0.787
F	2	2	-1.29	1.66	-1.61	2.59	2.077
G	2	3	-1.29	1.66	-0.61	0.37	0.787
H	3	4	-0.29	0.08	0.39	0.15	-0.113
$\sum$	92	101	0.12	13.6	-0.08	8.62	8.146
Média	3.29	3.61	0.004	0.49	-0.003	0.31	0.291

$$r = 0.752$$

Tabela 27: Tabela de coeficiente de correlação do orçamento em relação ao desempenho <u>para o grupo A</u>

Organizações	X	Y	X	x²	y	y²	Xy
A	4	4	0.4	0.16	0.3	0.09	0.12
B	3	3	-0.6	0.36	-0.7	0.49	0.42
C	3	3	-0.6	0.36	-0.7	0.49	0.42
D	4	4	0.4	0.16	0.3	0.09	0.12
E	3	3	-0.6	0.36	-0.7	0.49	0.42
F	3	3	-0.6	0.36	-0.7	0.49	0.42
G	4	4	0.4	0.16	0.3	0.09	0.12
H	2	3	-1.6	2.56	-0.7	0.49	1.12

I	4	4		0.4	0.16	0.3	0.09	0.12
J	4	4		0.4	0.16	0.3	0.09	0.12
K	4	4		0.4	0.16	0.3	0.09	0.12
L	3	4		-0.6	0.36	0.3	0.09	-0.18
M	4	4		0.4	0.16	0.3	0.09	0.12
N	3	3		-0.6	0.36	-0.7	0.49	0.42
O	4	4		0.4	0.16	0.3	0.09	0.12
P	4	4		0.4	0.16	0.3	0.09	0.12
Q	5	4		1.4	1.96	0.3	0.09	0.42
R	3	4		-0.6	0.36	0.3	0.09	-0.18
S	4	4		0.4	0.16	0.3	0.09	0.12
T	4	4		0.4	0.16	0.3	0.09	0.12
Σ	72	74		0	8.8	0	4.20	4.60
Média	3.6	3.7		0	0.44	0	0.21	0.23

$$r = 0.76$$

Tabela 28: Tabela de coeficiente de correlação do orçamento em relação ao desempenho <u>para o Grupo B</u>

Organizações	X	Y	X	x^2	y	y^2	xy
A	4	4	1.0	1.0	0.63	0.39	0.63
B	3	3	0	0	-0.38	0.14	0
C	4	4	1.0	1.0	0.63	0.39	0.63
D	3	4	0	0	0.63	0.39	0
E	2	3	-1.0	1.0	-0.38	0.14	0.38
F	2	2	-1.0	1.0	-1.38	1.89	1.38
G	3	3	0	0	-0.38	0.14	0
H	3	4	0	0	0.63	0.39	0
Σ	24	27	0	4.0	0	3.87	3.02
Média	3.00	3.38	0	0.50	0	0.48	0.38

r = 0.77

Tabela 29: Tabela de coeficiente de correlação do orçamento em relação ao desempenho

<u>para os grupos A e B combinados</u>

Organizações	X	Y	X	x^2	y	y^2	xy
A	4	4	0.57	0.32	0.39	0.15	0.22
B	3	3	-0.43	0.18	-0.61	0.37	0.26
C	3	3	-0.43	0.18	-0.61	0.37	0.26
D	4	4	0.57	0.32	0.39	0.15	0.22
E	3	3	-0.43	0.18	-0.61	0.37	0.26
F	3	3	-0.43	0.18	-0.61	0.37	0.26
G	4	4	0.57	0.32	0.39	0.15	0.22
H	2	3	-1.43	2.04	-0.61	0.37	0.26
I	4	4	0.57	0.32	0.39	0.15	0.22
J	4	4	0.57	0.32	0.39	0.15	0.22
K	4	4	0.57	0.32	0.39	0.15	0.22
L	3	4	-0.43	0.18	0.39	0.15	-0.17
M	4	4	0.57	0.32	0.39	0.15	0.22
N	3	3	-0.43	0.18	0.39	0.15	0.26
O	4	4	0.57	0.32	-0.61	0.37	0.22
P	4	4	0.57	0.32	0.39	0.15	0.22
Q	5	4	1.57	2.46	0.39	0.15	0.61
R	3	4	-0.43	0.18	0.39	0.15	-0.17
S	4	4	0.57	0.32	0.39	0.15	0.22
T	4	4	0.57	0.32	0.39	0.15	0.22
A	4	4	0.57	0.32	0.39	0.15	0.22
B	3	3	-0.43	0.18	-0.61	0.37	0.26
C	4	4	0.57	0.32	0.39	0.15	0.22
D	3	4	-0.43	0.18	0.39	0.15	-0.17
E	2	3	-1.43	2.04	-0.61	0.37	0.87
F	2	2	-1.43	2.04	-1.61	2.59	2.30
G	3	3	-0.43	0.18	-0.61	0.37	0.26
H	3	4	-0.43	0.18	0.39	0.15	-0.17
Σ	96	101	-0.04	14.72	0.08	8.62	8.04

| Média | 3.43 | 3.61 | 0 | 0.53 | 0 | 0.31 | 0.29 |

$$r = 0.71$$

Teste dos resultados

O coeficiente de correlação produto-momento de Pearson é utilizado para testar os resultados dos quadros 22 e 23. O coeficiente de correlação é dado por

$$R = \frac{\sum xy}{\sqrt{\sum x^2 \sum y^2}}$$

Onde: $x = X - \overline{X} = Y - \overline{Y}$

$$T = \frac{r}{\sqrt{(1 - r2)/(n - 2)}}$$ a um nível de significância de 5%

A análise da correlação entre a política de manutenção dos edifícios e o desempenho dos grupos A e B revela uma relação positiva de 0,68 e 0,78, respetivamente, e uma relação geral de 0,75 para a correlação dos dois grupos combinados.

Além disso, o coeficiente de correlação de 0,76 e 0,77 foi revelado a partir da análise do orçamento de manutenção do edifício em relação ao desempenho para os grupos A e B, com um coeficiente de correlação combinado de 0,71 para os dois grupos. Estes valores indicam igualmente uma relação positiva entre o orçamento e a gestão do desempenho. Da análise acima efectuada, conclui-se que quanto melhor for a política e o orçamento para a manutenção e implementação do edifício, melhor será o desempenho da gestão da manutenção.

CAPÍTULO 5

CONCLUSÕES E RECOMENDAÇÕES

5.1 INTRODUÇÃO

A gestão da manutenção dos edifícios é um processo que deve ser contínuo ao longo da vida de um ativo imobiliário, ou seja, desde a conclusão da construção do edifício até ao momento da demolição. Para que qualquer processo contínuo seja eficiente, tem de ser apoiado por políticas adequadas destinadas a atingir o objetivo estabelecido.

5.2 CONCLUSÕES

A análise efectuada permitiu tirar as seguintes conclusões.

- As instituições financeiras são constituídas por instituições financeiras bancárias e instituições financeiras não bancárias.

- Cerca de 80% dos edifícios utilizados pelas instituições financeiras são propriedade destas, enquanto 20% são adquiridos através de leasing e aluguer.

- Os problemas de manutenção nas instituições financeiras são gerados por pressões resultantes das actividades quotidianas dos clientes e do pessoal, da degeneração provocada pelo tempo e que conduz a fugas nos telhados, do desgaste e da remoção de azulejos e mosaicos, etc.

- 89,3% da população estudada dispõe de um serviço de manutenção.

- A maioria das organizações dispõe de pessoal de gestão da manutenção acima da média.

- A maior parte das organizações tem um número de efectivos superior a um.

- A maioria das organizações tem um departamento de manutenção centralizado.

- A estrutura de gestão da manutenção das várias organizações é composta por 53,6% de pessoal interno e 46,4% de pessoal externo.

- A maioria das organizações com o departamento de manutenção é dirigida por profissionais do sector da construção.

- Todas as organizações estudadas têm políticas de manutenção de vários tipos.

- Um resumo das políticas de manutenção adoptadas pelas várias organizações consiste em seguir as práticas de manutenção devidas; realizar inspecções periódicas ao edifício para detetar precocemente os defeitos; tratar dos trabalhos de manutenção por profissionais competentes, sempre que necessário; realizar renovações internas e externas de três em três anos e de cinco em cinco anos, respetivamente; dotar todos os edifícios da organização com as mesmas caraterísticas até ao ano 2010, o que exigiu a estruturação dos edifícios antigos.

- A maioria das organizações aplica uma política de manutenção planeada e dispõe de orçamentos adequados para a manutenção.

- A maior parte das organizações tem um apoio de tesouraria ao seu orçamento anual entre 41% e 80%.

- A maior parte da organização dispõe de um orçamento anual que está em sintonia com a política de manutenção da organização.

- A percentagem de satisfação do orçamento relativo aos trabalhos de manutenção média para a maior parte da organização é de 61-80%.

- A maioria das organizações classificou o desempenho do seu departamento de manutenção como satisfatório.

- As organizações utilizaram duas estratégias de manutenção - a manutenção condicionada (42,9%) e a manutenção preventiva (tempo fixo) (57,1%).

- Mais de metade das organizações utiliza diários de bordo para registar os controlos regulares e os trabalhos de manutenção efectuados, utiliza manuais de manutenção para

- orientar os seus agentes de manutenção para que efectuem um trabalho de manutenção eficaz e utilizar computadores para funções de gestão.

- A suficiência de artesãos para os trabalhos de manutenção na maioria das organizações varia entre média e suficiente.

- A maioria das organizações inspecciona o seu elemento construtivo trimestralmente, seguindo-se duas vezes por ano, uma vez por ano e muito poucas o fazem apenas quando há um defeito.

- As partes do edifício que estão mais sujeitas ao desgaste são as portas, os acabamentos das paredes e do chão, o telhado e outros acabamentos exteriores.

- Os pequenos trabalhos de manutenção do edifício da organização são efectuados durante o fim de semana, enquanto os grandes trabalhos são normalmente efectuados com um mês de antecedência

- Os acabamentos padrão para os edifícios das instituições financeiras são azulejos e mármore para os pavimentos, pintura text coat e azulejos para as paredes, tectos falsos, telhas de alumínio de grande vão e azulejos para as escadas.

- As razões para a escolha dos materiais acima referidos são a durabilidade, a facilidade de manutenção e a redução dos custos de manutenção.

- A maior parte da manutenção tem um orçamento anual médio superior a 20 milhões de euros nos últimos cinco anos e uma taxa de retorno que varia entre 21% e 100%.

- Todas as organizações têm apólices de seguro para os seus edifícios, que incluem apólices de incêndio e roubo, incêndio e trovoada, incêndio e riscos associados, etc.

- O estado operacional do edifício da organização - tanto o funcionamento como as condições físicas - varia entre bom e excelente.

- Existe uma diferença significativa entre os grupos A e B em todas as amostras testadas.

5.3 RESUMO

O resumo dos resultados da investigação é apresentado a seguir:

- A manutenção dos edifícios das instituições financeiras na Nigéria é objeto de uma política significativa.
- Todas as organizações inquiridas têm apólices de seguro para os seus edifícios, tais como roubo, incêndio, vento e outras catástrofes naturais.
- Existe uma relação significativa entre a política de manutenção e o desempenho da gestão da manutenção da instituição financeira.
- Existe também uma relação significativa entre a gestão da manutenção dos edifícios das instituições financeiras na Nigéria.

5.4 RECOMENDAÇÕES

- Deve ser criada uma unidade de manutenção de edifícios em todos os sectores onde não existia nenhuma, e todos os departamentos de manutenção devem ser chefiados por profissionais competentes do sector da construção.
- As várias organizações devem subscrever apólices de seguro para a manutenção a longo prazo dos edifícios, a fim de evitar atrasos desnecessários na manutenção, que podem resultar da inflação dos preços dos materiais de construção no futuro.
- Deverá haver uma provisão contínua de um orçamento adequado e de um apoio de tesouraria que esteja em grande sintonia com as políticas de manutenção das organizações.

5.5 CONTRIBUIÇÃO PARA O CONHECIMENTO

A investigação permitiu descobrir que as instituições financeiras utilizam uma gestão eficaz da manutenção dos seus edifícios como forma de competir entre si pelos clientes e investidores. Quanto melhor for a manutenção das suas instalações, mais confiança ganham dos seus clientes e investidores.

5.6 RECOMENDAÇÃO PARA ESTUDOS FUTUROS

Deverão ser efectuados estudos mais aprofundados sobre o estudo comparativo do tipo de estrutura de manutenção mais adequado aos edifícios das instituições financeiras.

REFERÊNCIAS

Abarry, A. (1986): Understanding Research. Long Essay and Thesis Writing. Jos University Press Limited.

Abubakar, M. (2005): Maintenance Management of Public Buildings (Gestão da Manutenção de Edifícios Públicos). Tese de Mestrado não publicada, Universidade de Jos.

Adekoya, S. O. (2003): "Planning and Budgeting for Maintenance". Texto de um artigo publicado no Professional Builder. Um jornal do Instituto Nigeriano de Construção.

Aderibigbe, J. O. (2004): An overview of the Nigerian Financial System. Texto de uma comunicação apresentada no Seminário FICAN realizado em Owerri, Estado de Imo, de 26th a 28th de janeiro.

Ahmad, M. K. (2006): The Contributory Pension Scheme. Quadros institucionais e legais. <u>Bullion</u>, Volume 30 No. 2, abril-junho.

Balogun, A. (2006): "Understanding the New Pension Reform Act (PRA)". <u>Bullion,</u> Volume 30 No. 2, abril-junho.

Bamisile, A. S. (2004): O impacto das operações das instituições financeiras não bancárias na estabilidade do sector financeiro. <u>Bullion</u>, Volume 28, No. 1.

Bernard, C. I. (1983): The functions of the Executive. Cambridge, Mass Harvard University Press Pp. 19-20.

Bushell R. J. (1981): Assessing Maintenance Priorities - Guidelines based on Health Service Experience. CIOB Maintenance Information, Service No. 17.

Camwath, D. (1972); Design Responsibility and Maintenance Manuals DOE 3rd National Building Maintenance Conference. HMSO.

Davis, L.D. (1970): General Insurance Universal Press, Nova Iorque.

Ewa e Agu (1989): Novo Sistema Económico. Africana First Publishers Limited, Onitsha.

Falegan (1987): Re-designing Nigeria's Financial System. University Press Limited, Ibadan.

Gregson H. R. P (1973): Putting Maintenance into Perspective. DOE Fourth National Building Maintenance Conference HMSO.

Kerlinger, F. N. (1973): "Foundation of Behavioural Research". London Halt Founder International.

Kochen, M. (1965): Some Problems in Information Sciences. Nova Iorque, Scarecrow Press.

Lee, R. (1992): Quantitative Techniques D.T. Publications Hampshire.

Mac Alpine, K. (1976): Budget Control 4th Edition London University Press.

Mordi, C. N. O. (2004): Quadro Institucional para a Regulação e Supervisão do Setor Financeiro. Texto de uma comunicação apresentada no 5th Seminário

Anual para Correspondentes Financeiros e Editores de Negócios realizado em Owerri. 26 de janeiro[th] 028th.

Ndagi, J. O. ((1999): The Essential of Research Methodology for Educators Ibadan, University Press, P. 150.

Ogunbiyi, M. A. (2003): Fundamentos da Prática Profissional e Procedimento para Construtores Debmeg Consult and Partners Pp. 16-19

Onyido, B. C. (2004): The role of the Central Bank in the Nigerian Financial System. Texto de uma comunicação apresentada no 5th Seminário para Correspondentes Financeiros e Editores de Negócios realizado em Owerri de 26 -28[thth] janeiro.

Osuala, E. C. (1993): Introdução à Metodologia de Investigação. Onitsha African-Feb Publishers Limited.

Rapp, R. e George, B. (1998): Conceitos de gestão da manutenção no currículo de equipamentos de construção, Journal of Construction Education, Volume 2 No. 2 Pp. 155-169.

Robertson, J. A.: The Planned Maintenance of Building and Structures (A manutenção planeada de edifícios e estruturas). The Institution of Civil Engineers' Proceeding Paper 71845, 1069.

Seeley, I. H. (1987): Building Maintenance 2nd Edition, Universidade de Londres.

Shokan, O. O. (1991): "Metodologia de Investigação para todas as Disciplinas" Lagos, Shokan Investment Company.

Speight, B. A. (1969): Formulação de uma política de manutenção.

The Tavistock Institutions: Inter-Dependence and Uncertainty Study of the Building Industry, Londres, Tavistock Publication (1966).

Thomas, M. (1994): Estratégia de manutenção usando RCM Maintenance Journal. European Federation of National Maintenance Societies, Inglaterra Vol. 9, No. 4 Pp. 3-6.

Vanier, D. J. e Lacasse, M. A. (1999): Belcam Project Service Life, Durability and Asset Management Research. http : //www. nrc.ca/belcam/7DBMCDVhtml, visualizado em 24th julho, 2007.

Yusuf, S. (2005): An Appraisal of Sanitary Maintenance Practice (A case study of Senior Staff Quarters, University of Jos) Unpublished B.Sc. Project, University of Jos.

APÊNDICE I

Apêndice 1: QUESTIONÁRIO

Mestrado em Gestão da Construção

Departamento de Construção

Universidade de Jos

Jos, Nigéria

Data

Caro inquirido,

INTRODUÇÃO

Sou um estudante de pós-graduação do departamento acima referido que está a realizar um trabalho de investigação sobre "Gestão da manutenção de edifícios de instituições financeiras na Nigéria". Gostaria que, por favor, respondesse às perguntas do verso e fizesse qualquer comentário apropriado para que este trabalho seja bem sucedido. A resposta será utilizada apenas para fins académicos e será tratada de forma confidencial.

Espero que faça justiça às perguntas.

Com os melhores cumprimentos,

Ebenehi I. Yakubu

PGES/UJ/0258/06

QUESTIONÁRIO
SECÇÃO A
DADOS PESSOAIS

Assinalar ( ) se for caso disso

1. Nome
2. Sexo: Masculino [ ] Feminino [   ]
3. Nome da empresa
4. Localização
5. Cargo ocupado
6. Qualificações académicas

....

7. Está inscrito em algum organismo ou organismos profissionais?

Sim [ ] Não [ ]

SECÇÃO B

8. Tipo de instituição financeira

Banco de Depósitos [ ] Casa de Descontos [ ] Companhia de Seguros [   ]

Bolsa de Valores [   ] Administrador de Fundos de Pensões [ ]

Sociedade de corretagem [   ] Outro(s), por favor especificar

9. Quantas sucursais tem a sua organização na Nigéria?
10. Quantos dos imóveis são adquiridos pela sua organização através de leasing ou aluguer e quantos são propriedade da mesma?
11. Como são gerados os problemas de manutenção do edifício ou o que constitui os seus problemas de manutenção do edifício?
12. Existe um departamento de manutenção nesta organização? Sim [ ] Não [ ]
13. Em caso afirmativo, qual o grau de adequação do pessoal de gestão da manutenção Suficiente   [   ]   bastante Suficiente [   ]
Média [   ]
Razoavelmente insuficiente [   ]   Insuficiente [   ]
14. Qual é o número de efectivos do serviço de gestão da manutenção?
1-10 [] 11-20 [   ] 21-30 [   ] 31-40 [   ] 40 e mais
[   ]
15. O departamento de manutenção da sua organização está centralizado?
Sim [ ] Não [ ]
16. Qual é a estrutura de gestão da manutenção da sua organização?
Internos [   ] Subcontratados [ ]
17. Qual é a profissão do chefe de departamento da unidade de manutenção?
18. Existe alguma política relativa aos trabalhos de manutenção dos edifícios nesta organização?
Sim [ ] Não [ ]
19) Em caso afirmativo, queira apresentar um resumo da política adoptada.
20 Considera que esta política é adequada para conseguir uma gestão da manutenção que valorize a organização?
Sim [ ] Não [   ]
21 Se a sua resposta ao ponto (20) for "Não", em que medida é que a política é inadequada?
22 Se a sua resposta ao ponto 18) for "Não", como efectua os trabalhos de manutenção dos edifícios da sua organização?
23 Que tipo de política de manutenção é aplicada pela sua organização?
Emergência [   ] Não planeada [   ] Planeada [ ]
Sem resposta [   ] Outro(s)
24 . Qual é o orçamento anual total da sua organização para a manutenção do edifício?
N1000-5,000,000 [   ]   N5,000,001-10,000,000 [
]
N10.000.000-15.000.000 [   ]   N15.000.001-20.000.000 [
]
N20.000.001 e superior []

25 Qual é a média do apoio de tesouraria ao orçamento em (24) acima? 1-20%
[   ] 21-40% [ ] 41-60% [ ] 61-80% [ ]   81
100% [   ]
26 . Em que medida o orçamento anual está em conformidade com a política de
manutenção da organização?
Muito afinado [   ] Afinado [ ] Menos afinado [   ] Não afinado
afinar [   ]
Sem resposta [   ]
27 Qual é a percentagem de satisfação do orçamento relativamente à
necessidade média de trabalhos de manutenção nos últimos cinco (5) anos?
1-20% [   ] 21-40% [ ] 41-60% [ ] 61-80% [ ] 81-100% [ ]
28 Como avalia o desempenho do serviço de manutenção em termos de
adequação da atual política de manutenção dos edifícios?
29 Que tipo de estratégia de manutenção utiliza a sua organização?
Operar até à falha [   ]   Baseado na condição
Manutenção [   ]
Preventiva (tempo fixo) [   ]   Combinação das anteriores
[   ]
Sem resposta   [   ]
30 O programa de manutenção da sua organização é orientado pela utilização
de um livro de registo para registar as verificações regulares e os trabalhos de
manutenção efectuados?
Sim [ ] Não [   ]
31 Os seus agentes de manutenção são orientados pelo manual de manutenção
para a execução eficaz dos trabalhos de manutenção?
Sim [ ] Não [   ]
32 A sua organização utiliza computadores para as funções de gestão da
manutenção?
Sim [ ] Não [
33 Em que medida os artesãos são suficientes para os trabalhos de manutenção?
Suficiente   [   ]   Razoavelmente suficiente [   ] Média   [
]
Bastante insuficiente   [   ]   Insuficiente [   ]
34 Com que regularidade são efectuadas as inspecções de manutenção dos
elementos do edifício?
Uma vez por ano [ ] Duas vezes por ano [   ]
Trimestralmente [ ]
Mensalmente [   ] Apenas quando existe um defeito [   ]
                35 Utiliza materiais especiais na construção dos seus

edifícios para minimizar o nível e o custo da manutenção?

Sim [ ] Não [   ]

36 Os materiais utilizados são diferentes dos utilizados noutros edifícios em termos de qualidade?

Sim [ ]   Não [ ]

37 Assegura o cumprimento rigoroso das especificações?

Sim [ ]   Não [ ]

38 Que parte do(s) componente(s) é(são) mais suscetível(eis) de sofrer desgaste?

Como é que   a natureza da sua

As operações da organização afectam a manutenção das suas instalações?

Que   Que material (ou materiais) utiliza como acabamento para cada um dos seguintes elementos?

a. Pavimento

b. Parede

c. Teto

d. Cobertura do telhado

e. Escadas

39 De que forma a escolha dos materiais referidos em (40) a-e afecta a manutenção dos seus edifícios?

40.Qual é a dotação orçamental anual média para a gestão da manutenção dos edifícios da organização nos últimos cinco (5) anos?

Em caso de   apoio de tesouraria ao orçamento, qual é o intervalo percentual das despesas?

1-20% [   ] 21-40% [ ] 41-60% [ ] 61-80% [ ] 81-100% [ ]

41.A sua organização tem alguma apólice de seguro para os seus edifícios?

Sim [ ] Não [ ]

42) Em caso afirmativo, indicar o tipo

....

43) Com que regularidade é pago o prémio da apólice?

44. qual é o estado de funcionamento (função - condições físicas) do edifício da sua instituição?

Excelente [ ] Muito bom []   Bom [] Razoável [ ]

Mau [ ]

Obrigado.

Appendix 2: Teste t para o tipo de política de manutenção

Teste t para o tipo de política de manutenção

Teste t: Duas amostras assumindo variâncias desiguais

	Vanable 1	Variável 2
Média	1785	7.175
Desvio	970.136666666667	60 4825
Observações	4	4
Diferença média hipotética	0	
Df	3	
t Estat	0 665041538094981	
P(T<≡t) unicaudal	0 27679055995418	
t Crítico unicaudal	2 35336343453313	
P(T<≡t) bicaudal	0 553581119908361	
t Crítico bicaudal	318244630488688	

APÊNDICE III

Appendix 3: Teste t para a centralização da política de manutenção

t "Test for CCDtralisstion OfMaintenance Department

Teste t. Duas amostras pressupondo variâncias desiguais

	Variável 1	Vanabte 2
Média	357	1425
Desvio	2548 98	25 205
Observações	2	2
Média hipotética		
Diferença	O	
Df	' 1	
tStat	0.597891551539365	
P(T<=t) unicaudal	0.328473074764874	
t Crítico unicaudal	6.31375151357386	
P(T<*t) bicaudal	0 656946149529747	
t Crítico dois-taıl	12 706204733987	

APÊNDICE IV

Appendix 4: Teste t para a força de trabalho do departamento de manutenção

Teste t para a força de trabalho do departamento de manutenção

Teste t: Duas amostras pressupondo variâncias desiguais

	Variável 1	Variável 2
Média	14.28	5.72
Desvio	791.327	67 827
Observações	5	5
Média hipotética		
Diferença	0	
Df	5	
tStat	0.653015152389913	

P(T<=t) unicaudal	0.271288570920365
t Crítico unicaudal	2.01504837208812
P(T<=t) bicaudal	0.54257714184073
t Crítico bicaudal	2.57058183469754

APÊNDICE V

Appendix 5: Teste t para estruturas de gestão da manutenção

Teste t para estruturas de gestão da manutenção

Teste t: Duas amostras assumindo variâncias desiguais

	Vanable 1	Variável 2
Média	26.8	23.2
Desvio	518.42	58.3199999999999
Observações	2	2
Diferença média hipotética	O	
Df	1	
tStat	0.211995900143624	
P(T<=t) unicaudal	0.433504102390075	
t Crítico unicaudal	6.31375151357386	
P(T<=t) bicaudal	0.86700820478015	
t Crítico bicaudal	12.706204733987	

APÊNDICE VI

Appendix 6: Teste t para a disponibilidade da política de manutenção

Teste t para a disponibilidade da política de manutenção

Teste t: Duas amostras assumindo variâncias desiguais

	Variável 1	Variável 2
Média	50	0
Desvio	915.920000000001	0
Observações	2	2
Diferença média hipotética	0	
Df	1	
tStat	2.33644859813084	
P(T<=t) unicaudal	0.128727359755762	
t Crítico unicaudal	6.31375151357386	
P(T<=t) bicaudal	0.257454719511523	
t Crítico bicaudal	12.706204733987	

Teste t para o orçamento anual total

Teste t: Duas amostras assumindo variâncias desiguais

	Variável 1	Variável 2
Média	14.28	5.7
Desvio	781.992	86.48
Observações	5	5
Diferença média hipotética	O	
Df	5	
tStat	0.65102007301981	
P(T<=t) unicaudal	0.271881461156738	
t Crítico unicaudal	2.01504837208812	
P(T<=t) bicaudal	0.543762922313475	
t Crítico bicaudal	2.57058183469754	

APÊNDICE VIII

Teste t para o retorno de caixa médio para o orçamento

Teste t: Duas amostras assumindo variâncias desiguais

	Variável Variável 1 2	
Média	14. 245.68	
Variância Observações	289.50835	.287
Diferença média hipotética	55	
Df	0	
tStat	5	
P(T<=t) unilateral t Crítico unilateral	1.06207234219826 0.168392752591033	
P(T<=t) bicaudal t Crítico bicaudal	2.01504837208812 0.336785505182065 2.57058183469754	

APÊNDICE IX

Teste t para a percentagem de satisfação do orçamento em os trabalhos de manutenção média

Teste t para duas amostras pressupondo variâncias desiguais

	Variável 1	Variável 2
Média	14.28	5.72
Desvio	484 592	42.087
Observações	5	5
Diferença média hipotética	O	
Df	5	
tStat	0.834037860784726	
P(T<=t) unicaudal	0.221134948834649	

	2.01504837208812
t Crítico unicaudal	
P(T<=t) bicaudal	0.442269897669297
t Crítico bicaudal	2.57058183469754

Appendix 10:   Teste t para o tipo de estratégia de manutenção utilizada

Teste t para o tipo de estratégias de manutenção utilizadas

Teste t: Duas amostras assumindo variâncias desiguais

	Vanable 1	Variável 2
Média	14.28	5.7
Desvio	484.592	86.48
Observações	5	5
Diferença média hipotética	O	
Df	5	
tStat	0.802836033393261	
P(T<=t) unicaudal	0.229257840994249	
t Crítico unicaudal	2.01504837208812	
P(T<=t) bicaudal	0.458515681988498	
t Crítico bicaudal	2.57058183469754	

APÊNDICE XI

Appendix 11:   Teste t para Suficiência de Artesãos para Trabalhos de Manutenção **Teste t para Suficiência de Artesãos para Trabalhos de Manutenção**

Teste t. Duas amostras assumindo variâncias desiguais

	Variável 1	Variável 2
Média	11.9	4.71666666666667
Desvio	217.456	58.1536666666667
Observações	6	6
Média hipotética		
Diferença	0	
Df	7	
tStat	1.0598744479086	
P(T<=t) unicaudal	0.162198447951935	
t Crítico unicaudal	1.8945786036558	
P(T<=t) bicaudal	0.32439689590387	
t Crítico bicaudal	2.36462425094932	

APÊNDICE XII

Appendix 12:   Teste t para o tempo de inspeção dos elementos do edifício

Teste t para o tempo de inspeção dos elementos do edifício

Teste t: Duas amostras assumindo variâncias desiguais

	Variável 1	Variável 2
Média	14.28	4.28
Desvio	210.077	8.787
Observações	5	5
Diferença média hipotética	0	
Df	4	

tStat	1.51146409897633
P(T<=t) unicaudal	0.102600943543894
t Crítico unicaudal	2.13184678190398
P(T<=t) bicaudal	0.205201887087788
t Crítico bicaudal	2.7764451050438

APÊNDICE XIII

Appendix 13:   Teste t para o apoio de caixa em relação ao orçamento anual médio **Teste t para o apoio de caixa em relação ao orçamento anual médio nos últimos cinco anos**

Teste t: Duas amostras assumindo variâncias desiguais

	Vanable 1	*Variável 2*
Média	17.875	7.125
Desvio	305.7825	34.0825
Observações	4	4
Diferença média hipotética	0	
Df	4	
tStat	1.16623276526762	
P(T<=t) unicaudal	0.154156441618197	
t Crítico unicaudal	2.13184678190398	
P(T<=t) bicaudal	0.308312883236393	
t Crítico bicaudal	2.7764451050438	

yes
I want morebooks!

Buy your books fast and straightforward online - at one of world's fastest growing online book stores! Environmentally sound due to Print-on-Demand technologies.

Buy your books online at
www.morebooks.shop

Compre os seus livros mais rápido e diretamente na internet, em uma das livrarias on-line com o maior crescimento no mundo! Produção que protege o meio ambiente através das tecnologias de impressão sob demanda.

Compre os seus livros on-line em
www.morebooks.shop

MIX
Papier aus verantwortungsvollen Quellen
Paper from responsible sources
FSC® C105338

FSC
www.fsc.org

Printed by Books on Demand GmbH, Norderstedt / Germany